高等学校信息安全专业系列教材

信息安全基础

XINXI ANQUAN JICHU

主　编　魏　彬　张明书　狄富强　左开伟

副主编　牛亚琼　肖海燕　申军伟　丁玉洁

参　编　屈　磊　文　雯

西安电子科技大学出版社

内 容 简 介

本书全面探讨了信息安全理论与实践,其内容涵盖了信息安全的基本概念、关键技术、管理策略和法律框架。全书分为三部分,分别介绍了信息与信息安全基础知识、信息安全技术及信息安全实验,由信息基础知识、信息安全基础知识、物理安全、通信系统安全、计算机安全与网络安全、信息安全与隐私保护技术、信息技术安全、信息安全实验等 8 章构成。

本书既可作为高等学校信息安全类相关专业的教材或教学参考书,也可作为从事信息安全等研究工作的教师、研究人员或者相关领域技术人员的参考用书。

图书在版编目(CIP)数据

信息安全基础 / 魏彬,等主编. -- 西安:西安电子科技大学出版社, 2025.3. -- ISBN 978-7-5606-7481-0

Ⅰ. TP309

中国国家版本馆 CIP 数据核字第 2024NX1938 号

策　　划　刘玉芳
责任编辑　刘玉芳
出版发行　西安电子科技大学出版社(西安市太白南路 2 号)
电　　话　(029)88202421　88201467　　　邮　　编　710071
网　　址　www.xduph.com　　　　　　　电子邮箱　xdupfxb001@163.com
经　　销　新华书店
印刷单位　陕西天意印务有限责任公司
版　　次　2025 年 3 月第 1 版　　　　　2025 年 3 月第 1 次印刷
开　　本　787 毫米×1092 毫米　1/16　　　印　　张　11.5
字　　数　268 千字
定　　价　35.00 元
ISBN 978-7-5606-7481-0

XDUP 7782001-1

*** 如有印装问题可调换 ***

前　言

在当今数字化时代，信息安全已成为关乎个人隐私、企业竞争力乃至国家安全的关键要素。随着信息技术的飞速发展，信息的获取、传输、存储和处理方式发生了翻天覆地的变化，这既给人类生产生活带来了前所未有的便利，也使信息安全面临着前所未有的挑战。

本书旨在为读者构建一套全面的、系统的信息安全知识体系，帮助读者深入理解信息安全的基础知识，掌握信息安全技术的精髓，并通过实践加深对信息安全的认识，同时提高对信息安全的应用能力。全书共分为三大部分，内容层层递进，环环相扣。第一部分为信息与信息安全基础知识，包括第 1 章和第 2 章。第 1 章深入探讨了信息的基础知识，包括信息的定义、特征、社会功能属性以及信息与数据的关系等，为读者奠定了坚实的理论基础。第 2 章则聚焦于信息安全的定义、重要性、发展历程以及面临的威胁与挑战，使读者对信息安全的全貌有清晰的认识。第二部分为信息安全技术，涵盖了第 3 章至第 7 章。第 3 章详细介绍了物理安全的相关知识，包括物理安全的基础设施、物理场所安全以及载体安全等，强调了物理安全在信息安全体系中的基石作用。第 4 章深入探讨了通信系统安全，从有线通信到无线通信，从固定电话网到移动通信系统，全面剖析了通信系统中存在的安全隐患及防护措施。第 5 章聚焦于计算机安全与网络安全，详细阐述了计算机病毒、木马等恶意软件的工作原理、传播途径以及防范策略，同时介绍了常见的网络攻击方式和网络安全防范技术。第 6 章着重介绍了信息安全与隐私保护技术，包括信息内容安全、加密技术、隐私保护技术以及身份认证技术等，探讨了如何在新兴技术环境下保护个人信息和隐私。第 7 章则探讨了信息技术安全的前沿领域，包括信息隐藏技术、人工智能技术与安全以及大数据技术与安全，展望了信息技术安全的未来发展趋势。第三部分为信息安全实验，即第 8 章，通过一系列精心设计的实验项目，让读者亲身体验信息安全攻防的全过程。实验内容涵盖了计算机系统及信息设备安全、移动通信系统安全、声光电磁安全以及常用办公设备安全等多个方面，通过实践操作，加深读者对信息安全理论知识的理解，培养读者的实践技能和安全意识。

本书由魏彬、张明书、左开伟负责第 1、2、3 章的编写，肖海燕负责第 4 章的编写，申军伟负责第 5 章的编写，牛亚琼负责第 6 章的编写，狄富强负责第 7 章的编写，丁玉洁、屈磊、文雯负责第 8 章的编写。在编写本书的过程中，许多专家和学者提出了宝贵意见并提供了大力支持，我们对所有为本书作出贡献的个人和单位表示衷心的感谢。

由于编者水平有限，书中难免有疏漏之处，恳请同行学者及广大读者批评指正。

编　者

2024 年 11 月

目　录

第三部分 信息安全实验

第一部分

信息与信息安全基础知识

第 1 章 信息基础知识

本章全面探讨了信息的基础知识，包括信息的概念、特征、社会功能属性以及信息与数据的关系等，强调了其在现代社会中的核心作用，并从时效性、依附性、价值性等多个维度分析了信息的特征。此外，本章还介绍了信息在启迪、教育等方面的功能，以及信息获取、传递、表示、编码和存储处理的过程，为理解和应用信息提供了坚实的基础。

1.1 信息的概念

1. 概述

信息是我们对客观世界中各种事物变化和特征的感知与理解，是我们与外部世界交互的纽带，承载着无限的可能性。它是客观事物之间联系的表征，是客观事物状态经过传递后的再现，是人类社会发展的动力和基石。

从广义上讲，信息是通信系统传输和处理的各种对象的总称，泛指人类社会传播的一切内容。我们通过获取、理解自然界和社会的不同信息来区分不同的事物，从而更深入地认识和改造世界。信息是人类认知活动的重要组成部分，是推动社会进步和文明发展的驱动力。

随着科技的不断进步和信息技术的飞速发展，信息已经成为人类社会运行的核心要素之一。而互联网的普及使得信息的传播变得更加便捷和迅速，无论是生产、生活还是社交，人们都会受到信息的影响，也离不开信息的支持。信息的传递不再局限于传统的文字、图像和声音，而是扩展到了数据、知识、经验等更广泛的领域。在当今信息时代，数据被比作新时期的"石油"，因为它蕴含着巨大的价值和潜能。通过深入分析和挖掘数据，人们能够揭示其中隐藏的规律和趋势，为科学研究、商业决策以及社会管理提供参考。

信息不仅存在于自然界中，也存在于人类社会的各个领域。政治、经济、文化、科技等方面的信息交流和传播，时刻影响着社会的稳定和发展。政府通过发布政策文件、举办新闻发布会等形式向社会传递政策信息，引导公众舆论和社会行为；企业通过广告宣传、市场调研等手段传播产品信息，影响消费者购买决策和市场竞争；学术界通过学术论文、学术会议等渠道传播科研信息，推动科学进步和学术交流。

信息的传播可以是单向的传递，也可以是双向的交流和多方互动。信息接收者不仅可以被动接受信息，还可以主动参与信息的生成、传播和反馈。社交媒体的兴起为信息交流提供了新的平台和方式，使得每个人都有了发声的机会和权利。在这个信息爆炸的时代，如何辨别真假信息、保护个人隐私成为我们需要考虑的重要问题。

信息的传递不仅影响着社会结构和个人行为，反过来也受到社会和个人的影响。信息的传播受到政治、经济、文化等多种因素的制约和影响，不同的社会制度和文化背景会对信息传播产生不同的影响。在信息传播的过程中，信息的失真、偏见(指的是在信息的收集、处理、传播或呈现过程中，由于各种原因而产生的倾向性或不公平的描述、解释和表达)和篡改现象时有发生，对社会稳定和个人权益构成威胁。

面对信息时代的挑战，我们需要加强信息素养教育，提高辨别信息真伪的能力；加强信息安全保护，保护个人隐私和信息安全；加强信息管理和监管，维护信息传播的秩序和规范。只有通过共同的努力，我们才能更好地利用信息资源，促进社会发展和人类进步。

综上所述，信息不仅是客观世界中各种事物变化和特征的最新反映，也是人类社会交流和发展的重要载体。信息的传播和利用对社会和个人都具有重要意义，我们应该充分认识信息的价值和意义，积极参与信息社会的建设和发展，共同创造更加美好的未来。

2. 信息的定义

1) 香农的定义

信息作为科学术语最早可追溯至 1928 年，当时哈特莱(R. V. Hartley)在其论文《信息传输》中首次提出了这一概念。这标志着信息理论产生的萌芽，为后来信息科学的发展奠定了基础、提供了重要的理论支撑。信息理论的兴起和发展，推动了通信、计算机科学、统计学等领域的研究与应用，为人类社会带来了巨大的科技进步和文化变革。

1948 年，数学家香农在其论文“A Mathematical Theory of Communication”(通信的数学理论)中阐述了一句至今被奉为经典的话语：“信息是用来消除不确定性和随机性的东西。”这句简洁而深刻的言论揭示了信息的本质：信息是一种能够帮助我们理解和应对不确定性的工具，是我们理解世界、解决问题的关键。在信息论的框架下，信息不仅是一种用来描述和传递事物的内容，更是一种帮助我们理解世界、解决问题的关键要素。通过信息的获取、传递和处理，我们能够降低或消除对未知事物或事件的不确定性，从而作出更为准确和理性的决策。

2) 哈佛大学的定义

美国哈佛大学的研究小组曾提出了著名的“资源三角形”，深刻揭示了现实世界的本质构成：没有物质，什么也不存在；没有能量，什么也不会发生；没有信息，任何事物都失去了意义。这一理论将物质、能量和信息视为构成宇宙万物的三大要素，彰显了它们在宇宙中的绝对重要性。

首先，物质是构成宇宙的基本组成部分，是宇宙中一切存在的基础。从微观的原子、粒子到宏观的星系、星云，无一不是由物质组成的。物质的存在和变化是宇宙中各种现象和过程发生的前提和基础。

其次，能量是推进物质运动和变化的动力，是宇宙中一切活动的源泉。能量的转化和传递使得物质之间发生相互作用，从而引发各种现象和事件。

最后，信息赋予物质和能量以意义与指导。信息是对现实世界的描述和理解，是知识、思想、意识等抽象概念的载体。没有信息，即使有物质和能量存在，也无法形成有意义的事物和过程。

物质、能量和信息这三者相辅相成、相互作用，共同构成了现实世界的基本框架。在宇宙的各个层面，都可以看到它们的存在和作用。从微观的量子世界到宏观的宇宙空间，无一不展现着物质、能量和信息的奇妙交融。这一"资源三角形"不仅深刻地揭示了宇宙的本质构成，也启示人们认识和理解世界的方法与途径。只有充分理解和运用这三大要素，才能更好地探索宇宙奥秘，推动科学技术的发展，实现人类的文明和进步。

3) 冯秉铨的定义

经济学家冯秉铨给出了关于信息的如下定义：信息即差异。这一简洁而精辟的表述，揭示了信息的本质特征在于它所包含的差异性和区别性。

在信息理论中，信息常常被视作对某一事物或现象的描述或表示，而这种描述或表示正是基于事物之间的差异而产生的。换言之，信息的产生和传递往往伴随着某种变化或差异的存在。

例如，当某种事物从一个状态转变到另一个状态时，这种状态的改变所包含的差异就成了信息的一部分。在经济领域，市场价格的波动、供求关系的变化等都可以被视作信息，因为它们反映了经济体系中的差异和变化。

此外，信息的差异性也体现在人们对知识、观念、理念等的表达和交流中。不同个体之间的思想、见解、经验的差异性，正是信息传递和沟通的基础，它促使人们进行思想碰撞、知识交流，推动着社会的进步和发展。

因此，冯秉铨关于信息的定义不仅能帮助我们更好地理解信息的本质，也启示我们应当关注和利用在信息传递和应用过程中的差异性，从而更好地实现信息的传递、理解和应用。

4) 维纳的定义

维纳(Norbert Wiener)为信息论的发展作出了重要贡献，他提出了一种简明而富有启发性的关于信息的定义：信息是人与外部世界相互交换内容的名称。这一定义深刻地强调了信息作为一种交流和沟通的媒介，在人与外部世界之间扮演着重要角色。它凸显了信息的双向性，既包括人类对外部世界的感知和理解，也包括人类对自身观念和意识的表达和传递。

在这个定义中，"内容"指代信息所包含的实质性信息或意义，可以是事物的属性、特征，也可以是思想、观点、见解；而"名称"则指代信息的符号化或表征形式，可以是语言、符号、图像等形式。

换言之，信息是通过某种形式和符号化的方式，将人类的感知、思想、经验等内容传递给外部世界或者从外部世界获取并理解这些内容。这种交换和沟通的过程不仅是人类认识世界和自我的重要途径，也是社会交流和文化传承的基础。

维纳的这一定义不仅将信息置于人类与外部世界的交互过程中，还强调了信息作为一种媒介和载体的重要性。它提醒我们，在信息传递和交流的过程中，需要注重信息的准确性、清晰度和有效性，以确保信息的传递和理解能达到预期的效果。

5) 本书对信息的定义

本书对信息的定义是：信息是以数字、文字、图像、语音、报表等方式表示的内容，信息能够引起人们的兴趣并有助于减少认知上的不确定性。因此，信息可以被视为一种无形的财富，具有以下几个重要特性：

(1) 差异性。信息的意义在于反映事物之间的差异和变化。通过信息，我们能够识别和理解事物之间的差异，从而形成更加准确的认知和判断。

(2) 特征性。信息反映了客观事物在时间和空间上的不同状态和特征。它不仅仅是对事物的简单描述，更是对事物特征和属性的呈现，能够帮助我们深入了解事物的本质和特性。

(3) 可传递性。信息具有可传递性，可以通过各种媒介和渠道进行传播和交流。无论是通过语言、文字、图像还是声音，信息都能够跨越时间和空间的限制进行传递和接收。这种传递不仅包括人与人之间的交流，也包括人与机器、机器与机器之间的数据交换。

综合而言，信息作为一种重要的资源和工具，在现代社会中发挥着至关重要的作用。通过信息的获取、处理和传递，人类能够更好地理解世界，解决问题，推动社会进步和发展。

1.2　信息的特征

信息在当今的数字化社会中扮演着至关重要的角色，并不断地改变着我们的生活和社会。信息具有时效性、依附性、价值性等特征，这些特征使得信息不仅是知识、数据和事实的载体，更是社会和文化交流的媒介与推动力。在信息时代，有效地管理、保护和利用信息成为个人、组织和国家共同面临的挑战与机遇。

1. 时效性

信息具有较强的时效性，即信息的价值随着时间的推移会不断减小甚至消失。信息越早生成或获得，越能迅速传递，其价值也就越大。在日常生活中，天气预报便是一个很好的例子。昨日的天气情况对于我们当下的日常生活已无意义，因为它无法指导我们今日的活动安排或决策。这凸显了信息时效性的重要性：信息的及时获取和利用，能够直接影响我们决策和行动的有效性和准确性。

在现代社会，信息的时效性不仅仅体现在天气预报等实时信息上，也延伸到了许多其他领域。比如：新闻报道、市场分析、科学研究等领域的信息，其时效性直接影响着决策者的选择和行为。在金融市场中，及时获取并理解股市行情、经济数据等信息，对于投资者作出正确的投资决策至关重要。同样，在医疗领域，及时获取患者的健康数据和医学研究成果，有助于医生制订更准确的诊断和治疗方案。

鉴于信息时效性的重要性，我们需要采取一系列措施来维护信息的时效性，这些措施包括及时更新数据、加强信息传递的速度和效率、建立快速响应机制等。此外，随着技术的不断发展，人工智能和大数据等新兴技术的应用也为增强信息的时效性提供了更多可能，通过这些技术手段，我们能够更快速地捕捉和分析信息，以便更好地应对信息时效性带来的挑战。

在个人生活中，我们也要意识到信息时效性的重要性，及时获取并理解最新的信息，这有助于我们作出更加合理的选择和规划。比如，在日常购物中，了解商品的最新价格和促销活动，可以帮助我们节省金钱并获得更好的体验。因此，提高个人信息获取和分析能力，对于我们生活质量和工作效率的提升至关重要。

综上所述，信息时效性不仅仅是信息领域的一个概念，更是社会活动和我们日常生活中不可忽视的重要因素。及时获取并理解最新的信息，对于我们作出正确的决策和行动具有重要意义，也是现代社会发展的必然要求。

2. 依附性

在现代社会，信息往往需要借助于特定的传达手段或载体才能有效地表达出来，就像交通信号需要依附于信号灯才能将信息传达给行人和驾驶员一样。信息的依附性体现了传达手段在信息传递过程中的重要性。

信息的依附性不仅仅存在于交通领域，还贯穿于我们日常生活的方方面面。例如，书信需要通过邮政系统才能传达给收件人，电视节目需要通过电视信号才能在屏幕上呈现给观众，互联网文章需要通过网络平台才能被广大读者获取。这些传达手段，无论是物理的设备还是虚拟的网络，都扮演着信息传递手段/载体的关键角色。

然而，传达手段并非单纯的载体，它们还承载着信息的形式、格式、语言等诸多要素。例如：在书信中，我们不仅能够了解到文字信息，还可以通过信纸的质地、字迹等感知到寄件人的情感和态度；同样，在电视节目中，不仅有声音和图像的传输，还包含有背后制作团队的创作意图。这些信息的附加和融合，进一步丰富了传达手段所传递信息的层次和维度。

因此，了解和理解传达手段在信息传递中的依附性，有助于我们更好地把握信息的本质和含义。同时，随着科技的不断进步，新的传达手段和媒介不断涌现，如社交媒体、智能设备等，这些都为信息传递提供了更多元化和多样化的选择。

3. 价值性

在信息时代，信息价值的高低因其所含内容、获取难度以及对局势和决策的影响而有所差异。某些信息可能具有较低的价值，而另一些信息则可能具有极高的价值。例如，一张简单的预警机图片可能会揭示我军的信息侦测能力，从而为敌人提供窥探我国整体军事实力的机会，这样的信息其价值显然较高。敌人通过获取和分析这样的信息，不仅可以对我军的军事实力有所了解，还可能揭示我国的军事战略布局和战术运用，这对于敌方战略计划的制订、兵力的调整部署以及军事行动的采取等具有重要的指导意义。因此，信息不仅仅是简单的数据，其可能在军事、政治和战略层面具有重大价值。

在信息化战争的背景下，信息的价值大小不仅受到其本身所包含内容的影响，还受到信息获取途径的难易程度以及使用者的战略意图等多方面因素的影响。因此，我们必须高度重视信息的保密和安全，加强信息的采集、处理和传输过程中的安全防护措施，以防止敌对势力利用信息泄露对我国国家安全造成损害。

综上所述，信息的价值与其所含内容、获取途径的难易程度和战略意义密切相关。我们应当深刻认识到信息的战略价值，加强信息安全保护，提高信息获取和利用的能力，以更好地应对信息化战争的挑战和机遇。

4. 片面性

信息的片面性即信息的局限性与不完整性，例如古代寓言中所描述的盲人摸象。由于每个人所能获取的信息只是整体信息的一部分，因而无法准确地理解事物全貌。这种片面性不仅体现了信息本身的局限性，也反映了信息获取过程中所面临的挑战和限制。

例如，当我们面对一个复杂的问题或局势时，往往只能通过局部信息来进行分析和判断，就像盲人摸象一样，每个人只能触及象身的一部分，而无法全面了解大象的形态和特征。这种片面性使得我们在决策和行动过程中往往存在着一定的偏差。

信息的片面性也反映了信息的不完整性。信息的获取受到多种因素的影响，如信息源的局限性、采集手段的限制以及信息传递过程中的失真等，因此，即使是通过多方渠道收集到的信息，往往也无法涵盖事物的全部方面和所有层面。这就导致我们所获得的信息往往只是事物的局部描述，而无法全面地反映事物的本质和全貌。

在面对信息的片面性时，我们应当保持谨慎的态度。即不轻信片面的信息，而应该通过多方渠道获取信息，并进行全面、客观的分析和判断。同时，不断完善信息获取和处理的方式方法，以求更加全面地认识和了解事物的本质。

5. 可共享性

信息可以被多个主体共同利用的特性就是信息的可共享性。信息的可共享性不仅仅体现在信息的传递和分享上，更重要的是通过共享可促进多方交流、协作和共同进步。

例如，通过讨论和交流，个体可以将自己的看法、经验或思考与他人分享，从而使得各方能够吸取彼此的经验和教训。信息的共享不仅能够丰富个体的认知和理解，也能够促进团队或社群的协同，使得集体智慧得以发挥。

信息的可共享性还体现在信息技术的发展和应用上。随着信息技术的进步，人们可以更加便捷地获取、传递和共享信息，比如互联网的普及使得人们可以通过网络平台分享知识、经验和资源，这为信息的广泛共享提供了便利条件，促进了全社会的知识共享。

因此，信息的可共享性不仅仅是一种信息流动现象，更是一种促进社会协同发展的重要动力。通过信息的共享，我们可以实现资源的优化配置、知识的集体创造和价值的共同实现。

6. 可伪性

信息的可伪性是指信息并非总是对真实情况的反映，它可能因受到多种因素的影响而产生偏差。历史上，孙膑运用增兵减灶的计策成功地迷惑了庞涓，从而取得了战争的胜利，这一故事生动地解释了信息的可伪性。它告诉我们，表面现象并不总是真实的，有时可能是他人故意操控或误导的结果，因此，在作出判断之前，我们必须进行深入调查和全面分析，以获得更真实、准确的信息。

在现代社会中，信息技术的进步和网络传播的普及使得虚假信息和谣言的传播更加猖獗，这对人们的认知和判断构成了极大的挑战。面对这种情况时，我们应培养自身辨别信息真伪的能力，提升自身素养，不轻信未经证实的信息，避免误导自己和他人。此外，在接收和传播信息时，我们应重视核实信息来源，确保信息的真实性，防止因误信虚假信息而产生不利影响。

7. 普遍性与可识别性

信息并非抽象的概念，而是随着物质的存在和运动而产生的实际现象。只要有物质存在，有事物变化或运动，就伴随着信息的生成和传递。信息也并非遥远而难以捉摸的概念，而是贯穿于我们周围的一切，它的普遍性使得我们能够通过各种手段去感知、识别和理解。

人们可以通过感官的直接感知或者多种探测手段间接感知客观事物的特征和变化，从而获取信息。例如，我们通过视觉可以看到物体的形状、颜色和运动轨迹，通过听觉可以听到声音的频率和响度，通过触觉可以感知物体的质地和温度。这些感知和探测手段使得我们能够直接或间接地识别出客观事物的特征，从而获取相关的信息。

特别值得注意的是，人们在识别信息时往往会关注事物之间的差异，进而通过比较和分析深入了解事物的本质和特征。因此，找出事物之间的差异不仅是认识信息的关键，也是加深对事物认知的重要途径。

8. 存储性和可处理性

信息的存储性是指信息不同于物质和能量，它能够依赖于物质和意识，同时又能够脱离物质和意识而独立存在。这种特性使得信息能够通过各种载体进行存储，并在需要时进行检索和利用，从而实现信息的长期保存和再利用，这是信息的存储性的重要表现。

通过合适的载体，如纸张、硬盘等，我们可以将信息保存下来，以备今后再用，这样做不仅能够节省时间和精力，还可以保留重要的信息，为今后的决策和行动提供有力支持。

此外，信息还具有可处理性，即我们可以对获取的大量信息进行筛选、分析、分类、整理、控制和使用。这种信息处理的过程旨在从海量信息中提取有用的、有意义的内容，以满足特定的目的和需求。通过信息的处理，我们可以更深入地理解信息的内涵和价值，发现其中的规律和趋势，为决策和行动提供科学依据和支持。

信息的处理不仅有利于开发和利用信息资源，还有利于信息的传递和存储。通过信息处理，我们可以将信息进行压缩和优化，提高信息的传输效率和存储利用率。

9. 增值性和可开发性

信息的增值性体现在对具体形式的物质资源和能量资源进行最佳配置，以实现有限资源的最大化利用。通过有效地收集、整理和利用信息资源，我们能够更好地规划和管理物质资源，优化生产和服务过程，从而提高效率、降低成本，最大限度地满足人们的需求。信息的增值值不仅体现在对物质资源的最优配置上，还体现在其持续的进化和充实上，以及信息本身在不断的使用和传递中所产生的附加价值。

随着时代的变迁和科技的发展，新知识源源不断地产生，而现有知识也在不断地被刷新和优化。这一过程确保了人们能够接触到最前沿、最精确的数据，也有助于不断增强信息资产的效用和价值。

此外，信息还具有可开发性，即人们需要不断地探索和挖掘，挖掘出信息中的潜在价值和潜在规律，从而更好地应用于实践和生产活动中。通过信息资源的开发，我们可以找到新的解决现实问题的思路和方法，进而推动社会的进步和发展。

10. 可控性和多效用性

信息的可控性表现在以下几个关键方面：首先，信息具有可扩展性，这意味着我们能够持续地引入新的信息元素，从而使得信息库能够持续扩大和刷新，以适应不断变化的环境，满足不断演变的需求；其次，信息的压缩性允许我们利用压缩技术减少信息的体积，这样可以节约存储资源并降低传输成本；最后，信息的可操作性意味着我们能够对信息进行多样化的处理，以便从大量数据中提炼出有价值的见解和知识。

信息的多效用性是由其所具有的知识性决定的。信息不仅是我们认识世界的基础，也是我们改造世界的基础。作为知识的源泉，信息为我们提供了丰富的资料和数据，帮助我们更深入地理解世界的本质和规律；作为决策的依据，信息为我们提供了科学的依据和参考，帮助我们作出更加准确和有效的决策；作为控制的灵魂，信息为我们提供了监控和管理的手段，帮助我们保持对事物的掌控和管控；作为管理的保证，信息为我们提供了管理的基础和支撑，帮助我们规范和优化管理流程，提高管理效率和效益。

除了上述特征外，信息还具备转换性和可传递性、可继承性等特征。

信息的转换性体现在其能够在不同形式之间进行转化和转换。例如，信息可以以文字、图片、声音等多种形式表达出来，而人们可以通过阅读、观看、聆听等方式将其转化为自己能够理解和利用的知识。

信息的可传递性表现在其能够通过各种媒介和渠道进行传递和交流。无论是通过书籍、报纸、电视、互联网等传统媒介，还是通过社交媒体、手机应用等新兴媒介，信息都可以以各种形式传递给他人，实现信息的共享和交流。这种可传递性使得信息能够跨越时空的限制，实现全球范围内的信息流动和交流。

信息的可继承性表现在其能够被后续的人或系统所继承和利用。即使信息的创建者或所有者不再存在，信息仍然可以被他人所继承和利用，为后续的活动和决策提供支持与依据。

1.3　信息的社会功能属性

信息具有多种社会功能属性，包括资源功能、启迪功能、教育功能、方法论功能、娱乐功能、舆论功能等。

1. 资源功能

作为一种宝贵的资源，信息不仅是知识的载体，更是对人类认知和实践需求的满足。通过提供广泛的知识、丰富的数据以及及时的资讯，信息资源为人们提供了在不同领域中探索、学习和应用的机会。这种信息的多样性和可及性不仅丰富了个体的认知体验，也为社会的发展和进步提供了坚实的基础。

在信息时代，知识的获取已不再受限于特定的时间和空间，而是可以随时随地进行。无论是学术界、商业领域还是日常生活中，人们都可以通过信息获取所需的知识和数据，从而拓展认知边界。这种信息资源的开放性和共享性为个体的学习和发展提供了广阔的空间，也为社会的创新和进步注入了源源不断的动力。

此外，信息资源的及时性和准确性也是其重要特征之一。在信息爆炸的时代，人们需要面对海量的信息，因此，准确地获取并及时了解信息变得尤为重要。通过信息资源，人们可以获取到最新的资讯和数据，从而更好地了解社会的发展动态，把握机遇，应对挑战。

总的来说，信息作为一种宝贵的资源，具有丰富的内容和广泛的应用价值。它不仅可以满足人们的认知和实践需求，还可以推动社会的发展和进步。

2. 启迪功能

信息不仅仅是静态的知识库，更是一种启迪心灵的力量。通过传递和分享各种信息，人们不仅可以获取新知识和新思想，更能够在思维上得到启迪，进而激发内在的活力和创造力。这种启迪功能不仅体现在个体层面，也在社会整体层面产生深远的影响。

在个体层面，信息的传递和分享使人们拥有了更多的学习机会和思考空间。通过接触不同领域的知识和观点，人们能够拓展自己的认知边界，深化对世界的认识和理解。这种思想的碰撞和交流，不仅能够激发个体的思维活力，还能够激发出更多的创造性想法和解决问题的方法。因此，信息的启迪功能有助于个体智慧和创造力的提升，为个人的成长和发展提供强大的动力。

在社会层面，信息的传播和分享对社会的进步起到了重要作用。通过信息的流通，社会各界能够更好地了解彼此，增进交流与合作。这种跨界的交流和合作，反过来也有助于促进知识的共享和技术的创新。

此外，信息的启迪功能还能够引领社会价值观念的变革，促进社会的文明进步和人类的共同发展。

3. 教育功能

作为教育领域的关键组成部分，信息承载着丰富的教育资源，为人们提供了广阔的学习平台和深化认知的可能性。通过信息的传播和共享，不仅有助于促进知识的传承、学习、拓展，还有助于提升个体的素质和能力。

首先，信息作为教育资源，为学习者提供了丰富多彩的知识内容和学习材料。无论是传统的书籍、期刊，还是现代的网络课程、在线教育平台，都是信息传递和知识分享的重要途径。通过这些信息载体，学习者可以轻松获取到各种学科领域的知识，满足不同层次的学习需求，拓宽自己的学识和视野。

其次，信息作为学习工具，为学习者提供了便捷和高效的学习途径。在信息时代，学习已经不再受限于时间和空间的限制，人们可以通过互联网随时随地进行学习。无论是在线课程、电子图书，还是学术论文数据库，都为学习者提供了便捷的学习工具和丰富的学习资源。这种便利的学习环境有助于激发学习者的学习兴趣，提高学习的效率和质量。

最后，信息作为教育的媒介和平台，促进了教育模式的创新和发展。在信息时代，传统的面对面教学逐渐向在线教育、远程教育等新型教育模式转变。这种基于信息技术的教育模式，不仅可以实现教育资源的共享和优化，还可以满足学习者个性化的学习需求，提升教育的效果和质量。

4. 方法论功能

作为一种方法论，信息不仅可以提供解决问题的思路和方法，还能引导人们进行科学研究和实践探索，从而推动科技创新。在当今信息时代，信息的方法论功能愈发凸显。

首先，信息为人们提供了解决问题的思路。在面对复杂多变的问题时，人们可以通过收集、整理和分析相关数据与案例，找到解决问题的方向和途径。例如：通过分析历史数据和案例资料，人们可以预测事物发展趋势和方向；通过研究学术文献和专家观点，人们可以深入理解问题的本质和机理。因此，信息的方法论功能有助于指导人们在面对问题时进行科学思考和有效决策。

其次，信息可以引导人们进行科学研究和实践探索。在科学研究领域，信息不仅是研究对象和研究成果的载体，更是科学研究的重要工具和支撑平台。通过对信息的分析，科研人员可以更加全面地了解研究领域的现状和进展，发现科学问题和研究难点，从而确定研究方向和方法。同时，信息也可以为人们提供实践经验和案例参考，指导人们进行创新实践和技术应用。例如，在工程设计和产品开发过程中，通过分析市场需求和竞争对手的信息，企业可以制订合理的产品策略和市场推广方案，提高产品的竞争力和市场占有率。

最后，信息促进了科技创新和社会发展。在当今信息时代，科技创新已成为推动社会发展的重要动力，而信息则是科技创新的重要基础。通过信息的共享和交流，科研人员可以更加及时地获取最新的科研成果和技术进展，促进科技的跨界融合和知识传播。同时，信息的方法论功能也为社会发展提供了理论指导和实践支持。例如，在经济管理和政策决策领域，通过分析市场信息和社会数据，政府部门和企事业机构可以制订科学合理的发展战略和政策措施，推动经济社会的持续稳定发展。

5. 娱乐功能

通过各种形式的娱乐信息，如音乐、电影、游戏等，人们能够沉浸在丰富多彩的娱乐世界中，从繁忙的工作生活中获得片刻的放松和愉悦。这些娱乐活动不仅能够缓解压力、调节情绪，还能够提升生活品质。

音乐作为一种普遍存在的艺术，具有极强的情感表达力和感染力。通过音乐，人们可以找到共鸣，表达自己的情感和心情，从而获得心灵的慰藉和满足。无论是欢快的节奏还是抒情的旋律，都能够触动人心，唤起人们内心深处的共鸣和情感。

电影作为一种视听艺术形式，通过生动的画面和情节，能够将人们带入一个全新的世界，使其体验不同的人生和情感。有些电影能够启发人们思考人生的意义和价值，有些电影则能够带给人们欢乐和笑声。无论哪一种电影，都能够为人们的生活增添色彩和乐趣。

游戏作为一种互动性强、参与性高的娱乐活动，能够让人们在虚拟的世界中体验到各种不同的角色和情节。通过游戏，人们不仅可以放松身心、释放压力，还能够培养团队合作意识和解决问题的能力。无论是单机游戏还是网络游戏，都能够带给人们无限的乐趣和创造力。

6. 舆论功能

作为舆论的重要传播渠道，信息在塑造公众观念和态度、引导社会舆论发展方向等方面发挥着至关重要的作用。信息的传播不仅仅是简单的信息传递，更是对社会认知和价值观念的影响与塑造。

在信息时代，信息可以通过包括网络、传媒、社交平台等在内的各种渠道快速地传播到全球各个角落，传播的速度和广度前所未有。广泛的信息传播，使得公众更容易接触到各种观点和信息，从而影响他们的观念和态度。政府、企业、社会组织等都可以通过信息传播来宣传自己的观点和理念，继而影响公众的认知和态度。

信息的传播还能够引导社会舆论的发展方向，推动社会的进步和和谐。通过对重大社会事件和问题的报道与评论，信息传播能够引导公众关注社会问题，促进人们对社会问题进行深入思考和讨论，从而推动社会的进步和发展。同时，传播正能量、积极向上的信息，能够提振社会风气，促进社会的和谐与稳定。

然而，信息传播也存在一些负面影响，如信息失真、谣言传播等。这些负面影响可能会扭曲公众的认知和观念，导致社会舆论的偏向和不稳定，因此，我们应该加强对信息的监控和管理，提高信息传播的准确性和可信度，促进社会舆论的健康发展。

1.4　信息与数据的关系

信息和数据之间有着密切的关系，它们互相依存又有所不同。

1. 数据是信息的基础

数据被认为是信息的基础，因为数据是从各种源头收集而来的、未经加工或解释的原始素材。这些数据可能是数字、文字、图像或其他形式的信息，它们通常以一种相对客观的方式记录了某种观测结果或事实。例如，传感器收集的温度数据、市场交易的价格数据或医学研究中的患者记录等都是数据的例子。

然而数据本身并不具有直接的意义或用途，信息是对数据进行加工、分析和解释后得出的结果，是对数据进行理解和组织后的产物，它赋予了数据意义和价值。例如，对大气温度数据进行统计分析后，可以生成天气预报；对市场交易数据进行趋势分析后，可以制订投资策略；对患者记录数据进行研究后，可以得出医学诊断或治疗建议。

因此，数据和信息之间的关系可以被理解为，数据是信息的原材料，而信息则是对数据加工和解释后的成果。数据为信息提供了基础，而信息则赋予了数据意义和用途。

2. 信息包含在数据中

信息的本质是从数据中提取有用内容。数据本身可能是零散的、难以理解的，甚至是无序的。但是，当数据经过组织、分析和解释后，就能够获得信息。这个过程就像从原材料中提炼出有价值的产品一样，数据被加工成了信息。

信息的生成过程涉及对数据的组织、加工和解释。这种处理过程可以使数据变得更易理解、更具可操作性。例如，通过对销售数据的分析，可以了解产品的热销情况、市场趋势以及客户偏好，从而为企业的决策提供指导。

总的来说，信息是从数据中提取出来的有用内容，它具有可用性，能够为决策和行动提供支持。

3. 数据支撑信息的生成

数据是信息生成的基石，它不仅为信息提供了原始素材，而且在信息的转化过程中起到了至关重要的作用。在信息生成的过程中，原始数据经过一系列的处理后，被赋予新的意义和价值，最终转化为有用的信息。数据挖掘、机器学习、统计分析等技术手段是提取数据中有用模式、关联关系和发展趋势的关键。

在大数据分析领域，海量数据通过算法和技术处理，能够揭示出隐藏在数据背后的规律和趋势，生成有助于决策和创新的信息。例如，企业通过对消费者行为数据的分析，可以了解消费者的购买偏好和行为习惯，从而为产品设计和市场营销提供指导。

信息不仅可以支持决策、促进研究、传播知识，还能帮助个人和组织更好地融入环境、把握机遇，实现发展目标。

4. 信息赋予数据意义

数据虽然在原始状态下可能显得毫无意义，但是经过解读和分析，数据得以焕发出新的光彩，成为具有实际应用价值的信息。信息的生成不仅是对数据的简单解释，更是对数据背后潜藏信息的探索和发掘。

信息的解读和理解是赋予数据意义的关键环节。通过运用各种数据分析技术和工具，我们能够揭示数据中隐藏的模式、规律和趋势，从而为数据赋予新的层次和意义。例如，通过对市场销售数据的深入分析，可以发现产品的畅销时段、受欢迎的特征，进而调整营销策略以提升销售业绩。

通过信息的解读，我们能够更深入地了解数据所反映的真实情况，为决策提供更可靠的依据。信息的价值不仅在于其本身的呈现，更在于其对于行动和决策的指导作用。

5. 信息与数据的转化

数据不仅是信息的基础，同时也可以被转化为有意义的信息。通过对收集到的数据进行精密的分析和整理，可以提炼出有用的信息，揭示数据背后的规律和趋势。这种数据到信息的转化，为决策者提供了准确、可靠的参考依据，可以帮助他们作出明智的决策。反之，信息也可以被转化为数据，以便于存储、传输和进一步分析。将信息转化为数据的过程涉及将信息进行数字化、结构化和标准化，从而使其能够被计算机系统所识别和处理。信息到数据的转化，为信息的传播和利用提供了便利，促进了信息的共享和交流。信息与数据的相互转化不仅在理论上具有重要意义，同时也在实践中发挥着重要作用。

总的来说，数据是信息的基础，信息则是对数据的加工和解释。它们之间相辅相成，共同构成了信息社会的基础。

1.5　信息的获取与传递

信息的获取与传递是社会活动至关重要的环节，直接影响着个人、组织和社会的运作和发展。

1. 信息的获取

信息的获取途径多种多样，涵盖了从传统到现代、从纸质到数字化等不同方式，并且还处在不断丰富和扩展的过程中。首先，传统的书籍、期刊、报纸等印刷媒体承载着丰富的知识和信息，是人们学习和研究的重要资源。同时，面对面的交流和沟通也是获取信息的重要方式，通过与他人交流，人们可以分享经验、观点和见解，获取新的信息和启发。

其次，随着数字化和网络化的快速发展，互联网已成为人们获取信息的主要渠道之一。通过搜索引擎，人们可以轻松地查找到各种类型的信息，从学术研究到日常生活的各种问题都能找到相关资料。社交媒体平台则成了信息分享和交流的重要场所，人们可以通过分享动态、发表观点、与他人进行互动和讨论来获取信息。在线数据库和电子图书馆等资源也为人们提供了丰富的学术和专业信息。

除此之外，现代科技手段的不断创新也为信息的获取提供了新的途径。传感器技术和遥感技术可以用于采集环境数据和实时信息，如气象数据、地理信息等，为科学研究和应用提供重要支持。智能设备和物联网技术也使得信息的获取更加便捷和智能化，人们可以通过智能手机、智能穿戴设备等获取个人健康数据、生活信息等。

2. 信息的传递

信息的传递是将获得的信息传输、分享给其他人或组织的重要过程。这一过程可以通过多种媒介和渠道来实现，其中包括口头交流、书面文档、电子邮件、短信、电话、社交媒体等。随着通信技术的飞速发展，信息传递的速度和效率也在不断提高，人们可以更加便捷地进行信息交流和分享。

口头交流是最直接的信息传递方式之一，通过面对面或电话等方式，人们可以实时交流想法、观点和信息。书面文档则是一种持久的传递方式，通过书信、报告、公告等书面文档，人们可以传达更加详细和正式的信息内容。电子邮件和短信则是在数字化时代中广泛应用的信息传递方式，其快速、便捷的特点使得人们可以实现即时沟通和信息分享。

社交媒体在信息传递中发挥着日益重要的作用，通过发布动态、分享链接、评论互动等方式，人们可以将信息传递给受众，实现信息的快速传播和社交化分享。此外，短视频平台、微博等新媒体形式也为信息传递提供了更多的途径，使得信息可以以更生动、多样的形式呈现给用户。

信息的获取与传递对于个人、组织和社会都具有重要意义。对个人而言，及时获取和传递信息可以帮助他们更好地了解世界、提升知识水平、提高解决问题的能力。对组织而言，有效的信息获取和传递可以促进内部沟通和协作，提高工作效率和决策质量。对社会而言，畅通的信息获取和传递渠道有助于促进信息共享、知识传播，推动社会进步和发展。因此，信息的获取与传递是信息社会中不可或缺的重要环节。

1.6　信息的表示与编码

信息的表示与编码是将信息转换为计算机或其他通信系统可以处理和传输的形式的过程。在这个过程中，信息被转换成特定的编码，以便于存储、传输和处理。

1. 数字化表示

数字化表示是信息在数字时代中的一种常见形式、数字化是指将各种类型的信息,包括文字、图像、音频和视频等,转换为数字信号的形式。数字化表示使得信息可以以统一的格式进行存储、传输和处理,为信息处理提供了高效便捷的途径。通过数字化表示,不同类型的信息可以在计算机和数字通信系统中得到统一处理和管理,极大地促进了信息技术的发展和应用。

在数字化表示中,文字信息通常通过字符编码的方式被转换为数字形式,例如 ASCII 编码或 Unicode 编码。这样做不仅使得文字信息可以被计算机准确地识别和处理,而且可以在网络中快速传输和共享,为信息交流提供了便利。

图像信息经过数字化表示后,会被转换成由像素组成的数字数据。不同的图像编码方法对图像进行压缩和再编码,以减小文件体积并保持图像质量。这种数字化表示方式使得图像可以在计算机系统中进行处理、编辑和传输,广泛应用于数字摄影、医学影像、远程监控等领域。

音频信息经过数字化表示后,会被转换成由数字信号组成的音频数据。常见的音频编码方法可以对音频进行采样和压缩,以减小文件大小并保持音质。这种数字化表示方式使得音频可以在数字音乐、语音通信、多媒体制作等领域得到应用。

视频信息经过数字化表示后,会被转换成由帧组成的数字数据流。视频编码方法可以对视频进行压缩和编码,以减小文件大小并保持视频质量。这种数字化表示方式使得视频可以在数字电视、网络视频、视频会议等领域进行高效传输和处理。

2. 字符编码

字符编码是将文本信息中的字符映射为数字形式的重要过程。通过字符编码,不同语言和符号得以准确地表示。常见的字符编码方案包括 ASCII(美国信息交换标准代码)编码和 Unicode 编码等。

在字符编码中,ASCII 是最早且使用最广泛的字符编码标准之一。它使用 7 位二进制数(即 128 个不同的二进制数值)来表示标准的拉丁字母、数字、标点符号以及控制字符等。ASCII 编码使得计算机能够准确地处理英文文本和基本符号,但对于非英语语言和特殊符号的表示则存在局限性。

为了解决多语言和特殊符号的表示问题,Unicode 编码应运而生。Unicode 是一种字符编码标准,它为世界上几乎所有的书写系统中的每个字符都分配了一个唯一的标识符(码点),并为它们提供了统一的编码方式。Unicode 编码采用不同的字节长度来表示字符,包括 UTF-8、UTF-16 和 UTF-32 等多种变体,其中 UTF-8 是最常用的一种。Unicode 的出现使得计算机能够准确地处理全球范围内的多种语言文本和特殊符号,为跨文化交流和信息处理提供了便利。

除了 ASCII 和 Unicode 之外,还有一些其他的字符编码方案,如 ISO-8859 系列、GB/T 2312(中国国家标准)、Shift-JIS(日本国家标准)等,它们主要用于特定语言或地区的文本表示。这些字符编码方案的出现丰富了字符编码的应用领域,满足了不同文化和语言环境下的信息处理需求。

3. 图像编码

图像编码是将图像转换为数字形式的关键过程。通过图像编码,图像可以以数字数据的形式进行存储、传输和处理。在数字化表示中，常见的图像编码方式包括 JPEG、PNG、GIF 等多种。

JPEG(联合图像专家组)是最常用的图像编码标准之一，它采用有损压缩技术将图像转换为数字数据。JPEG 编码通过牺牲一定的图像质量来实现较高的压缩比，适用于存储和传输需要节省空间的情况，如数字摄影、网络图片等。

PNG(可移植网络图形)是一种无损压缩的图像编码格式，不会损失图像质量，因此适用于需要保持图像细节和质量的场景，如网络图形、透明图像等。

GIF(图形交换格式)也是一种常见的图像编码方式，支持动画图像，并且采用了一种简单的压缩算法，适用于制作简单的动画图像和网络表情等。

随着技术的不断发展，还涌现出了其他的图像编码方式，如 WebP、HEIF 等。这些新的图像编码技术往往具有更高的压缩效率和更好的图像质量，为图像存储、传输和展示带来了更多可能性。

4. 音频编码

音频编码是将声音信号转换为数字形式的关键过程。通过音频编码，声音可以以数字数据的形式进行存储、传输和处理。在数字化表示中，常见的音频编码方式包括 MP3、AAC、WAV 等多种。

MP3(MPEG-1 音频层 3)是一种流行的有损压缩音频编码格式，广泛应用于音乐存储和网络传输领域。MP3 编码通过削减和舍弃音频信号中的部分数据来实现高压缩比，从而节省存储空间和传输带宽。

与 MP3 类似，AAC(高级音频编码)也是一种常见的有损压缩音频编码格式。AAC 编码在保持较高音质的同时，能够实现更高的压缩效率，因此被广泛用于数字音频存储、移动设备和网络流媒体等领域。

与有损压缩不同，WAV(波形音频文件)是一种无损音频编码格式，它将声音信号转换为数字数据，但不会损失音频质量。WAV 编码适用于需要保持音频原始质量的场景，如专业音频制作和存档等。

除了 MP3、AAC 和 WAV 之外，还有许多其他的音频编码格式，如 FLAC、OGG 等。这些编码格式各有特点，可根据不同的需求选择合适的编码方式。

5. 视频编码

视频编码是将视频信号转换为数字形式的重要过程。通过视频编码，视频可以以数字数据的形式进行存储、传输和处理。在数字化表示中，常见的视频编码方式包括 MPEG、H.264、HEVC 等多种。

MPEG(Moving Picture Experts Group)是一系列视频编码标准的总称，其中包括多种视频编码格式，如 MPEG-1、MPEG-2、MPEG-4 等。这些标准通过不同的压缩算法和编码技术，实现了对视频信号的数字化处理，适用于不同的应用场景，如数字电视、DVD、流媒体等。

H.264 也称为 AVC(Advanced Video Coding)，是一种广泛使用的视频编码标准。它采用了高效的压缩算法和先进的编码技术，能够在保证视频质量的同时实现较高的压缩比，适用于各种视频应用，包括高清视频、网络视频流等。

HEVC(High Efficiency Video Coding)也称为 H.265，是 H.264 的后继标准，旨在进一步

提高视频编码的效率和性能。HEVC 采用了更先进的压缩技术，可以实现更高的压缩比和更好的视频质量，适用于 4K、8K 视频等高分辨率视频应用。

除了 MPEG、H.264 和 HEVC 之外，还有许多其他的视频编码标准和格式，如 VP9、AV1 等。这些编码格式各有特点，可根据不同的需求选择合适的编码方式。

6. 数据压缩

数据压缩是一种重要的信息处理技术，旨在减少信息表示所需的存储空间或传输带宽。数据压缩技术可以显著降低数据的体积，从而节省存储成本、提高传输效率，并在保持信息质量的前提下实现更高效的数据处理。

数据压缩技术通常分为无损压缩和有损压缩两种。无损压缩能够减小数据的体积，但不会丢失任何信息，即压缩前后的数据完全一致。无损压缩通常应用于对数据精确性要求较高的场景，如文档存档、数据传输等。与无损压缩相对应的是有损压缩，它可以显著减小数据的体积，但会在一定程度上损失信息的质量。有损压缩通常应用于对数据精确性要求不太严格的场景，如音频、视频等多媒体数据的存储和传输。

除了无损压缩和有损压缩之外，还有混合压缩方法，其结合了两种压缩方式的优点，以实现更高效的压缩效果。混合压缩方法在保持信息关键部分的精确性的同时，对一些非关键部分进行有损压缩，以达到更好的压缩效果。

数据压缩技术在各个领域都有着广泛的应用，如图像压缩、音频压缩、视频压缩等。随着数据量的不断增长和高速传输需求的不断增加，数据压缩技术也在不断发展和完善，为各种应用提供了更高效的数据处理和传输方案。

1.7　信息的存储与处理

信息的存储与处理是现代信息技术领域中的核心问题之一，涉及数据的收集与获取、存储、管理、处理、分析与应用等方面。这些过程对于个人、组织和企业来说都至关重要，因为它们能够帮助人们更有效地管理和利用数据资源，从而实现各种目标和需求。

1. 数据收集与获取

收集与获取数据是信息存储与处理的首要步骤。这一过程涉及从各种数据源获取数据，包括但不限于传感器、数据库、文件和网络等。这些数据可能呈现出不同的形式，有结构化数据(如数据库中的表格数据)，也有非结构化数据(如文本、图像、音频和视频等)。

在数据收集与获取阶段，需要考虑以下几个方面的问题。

(1) 数据源的多样性：确定数据收集的来源，包括传感器、网络平台、第三方服务等。这些数据源可能涵盖不同的领域和类型，如生物医学数据、社交媒体数据、环境传感器数据等。

(2) 数据获取的方式：确定数据获取的方式和手段，如直接从传感器读取数据、通过 API 访问网络数据、批量下载文件等。选择合适的获取方式可以提高数据的获取效率和质量。

(3) 数据格式和标准：确定数据的格式和标准，以确保数据的一致性和可解释性。结构化数据通常具有明确的数据模式和字段，而非结构化数据可能需要进行解析和处理。

(4) 数据质量和完整性：对收集到的数据进行质量和完整性检查，包括数据的准确性、完整性、一致性和可靠性等方面。确保数据质量可以提高后续数据处理和分析的准确性与可信度。

(5) 数据安全和隐私：在数据收集过程中，需要考虑数据安全和隐私保护的问题，确保敏感信息不被泄露和滥用。采取合适的安全措施和隐私保护措施可以保护用户的权益和数据安全。

综合考虑以上因素，并采取适当的措施和方法，可以有效地进行数据收集与获取工作，为后续的信息存储与处理奠定良好的基础。

2. 数据存储

数据存储是将收集到的数据以一定的格式存储在适当的位置，以备后续处理和访问之用。数据存储方案多种多样，涵盖了各种不同的技术和介质，如硬盘驱动器、固态硬盘、云存储服务等。在选择合适的存储方案时，需要综合考虑数据量、访问速度、安全性和成本等因素。

在数据存储过程中，需要考虑以下几个方面：

(1) 存储介质的选择：根据数据的特性和需求，选择合适的存储介质。传统的硬盘驱动器提供了较大的存储容量，而固态硬盘具有更快的访问速度和更低的能耗。云存储服务则提供了灵活的存储方案，并且可以根据需求进行扩展和缩减。

(2) 数据存储架构：根据需要设计合适的数据存储架构，包括单机存储、分布式存储、多副本存储等。不同的存储架构具有不同的优缺点，需要根据具体情况进行选择和优化。

(3) 数据备份和恢复：为了确保数据的安全性和可靠性，采取定期备份和恢复策略。这可以防止数据丢失和损坏，保证数据的可用性和持久性。

(4) 成本效益考量：综合考虑存储方案的成本和效益，选择最适合的方案。这包括存储硬件和设备的成本、运维成本、云服务费用等方面。

3. 数据管理

数据管理是对存储的数据进行组织和维护的重要环节，旨在确保数据的可靠性、一致性和安全性。这一过程包括数据组织和分类、归档和清理、安全控制、质量管理等关键操作。

在数据管理中，需要考虑以下几个方面：

(1) 数据组织和分类：对存储的数据进行合理的组织和分类，以便于后续的访问和管理。这包括定义数据模型、建立数据目录结构、设定命名规范等操作，确保数据的结构化和可管理性。

(2) 数据归档和清理：对长期不再使用或不再需要的数据进行归档和清理，释放存储空间并提高数据管理效率。归档的数据应存储在安全的存储介质上，并建立相应的归档管理流程，以便于后续的检索和访问。

(3) 数据安全控制：实施严格的数据访问控制和安全策略，保护数据不被未经授权的访问和篡改。这包括身份认证、访问权限管理、数据加密等安全措施，确保数据的机密性和完整性。

(4) 数据质量管理：确保数据的质量和准确性，采取相应的数据质量管理措施，包括数据验证、异常检测等操作，提高数据的可信度和有效性。

4. 数据处理

数据处理是对存储的数据进行各种操作和计算的关键环节，旨在从数据中提取有用的信息或实现特定的功能。这一过程涵盖了数据清洗、转换、分析、建模、可视化等一系列操作，其目的在于挖掘数据背后的价值，为业务决策和创新提供支持。

在数据处理中，需要考虑以下几个方面：

(1) 数据清洗和预处理：进行数据清洗和预处理，包括去除重复数据、处理缺失值、解决数据不一致性等操作，确保数据的准确性和完整性，为后续的分析和建模提供可靠的数据基础。

(2) 数据转换和整合：对数据进行转换和整合，将不同来源和格式的数据整合为统一的数据集，以便于后续的分析和处理。这可能涉及数据格式转换、数据标准化、数据合并等操作，确保数据的可操作性。

(3) 数据分析和挖掘：运用各种数据分析技术和工具，对数据进行深入分析和挖掘，发现数据中潜在的模式、趋势和关联性。这包括描述性统计分析、数据挖掘、机器学习等方法，为业务决策提供数据支持和见解。

(4) 数据建模和预测：基于数据分析的结果，建立数据模型和预测模型，用于预测未来趋势、识别风险和机会等。这可能涉及回归分析、时间序列分析、机器学习等方法，为业务决策提供预测性的信息和建议。

(5) 数据可视化和报告：将分析结果以可视化的方式呈现，包括图表、报表、仪表板等形式，使得复杂的数据信息更易于理解和解释。这有助于业务用户快速洞察数据，并作出有效的决策和行动。

5. 数据分析与应用

数据分析的应用广泛而深远。

在市场营销领域，数据分析可以帮助企业了解消费者行为、市场趋势和竞争情况，优化营销策略、精准定位目标受众，提高市场营销效果，增强市场竞争力。

在金融领域，数据分析被广泛应用于风险管理、投资决策、交易预测等方面。通过对市场数据、客户行为等进行分析，金融机构可以识别潜在的风险因素，优化资产配置，提高投资回报率，降低风险损失。

在医疗保健领域，数据分析有助于医疗机构优化医疗资源配置、提升医疗服务质量，通过分析患者病历、医疗数据等，实现个性化诊疗，提高诊断准确性，推动医疗技术创新，改善人们的健康水平。

在科学研究领域，数据分析是科学研究的重要工具之一，通过对实验数据、观测数据等进行分析，科研人员可以发现新的规律，继而推动科学知识的进步和创新。

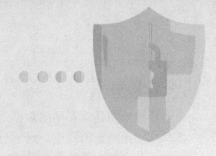

第 2 章　信息安全基础知识

信息安全的重要性具有多维度的体现。它不仅关乎个人隐私的保护，确保我们日常的交流和数据存储安全无忧，还涉及企业机密的维护，保障商业竞争中的信息优势和知识产权。本章从信息安全的定义出发，深入剖析了其核心概念，探讨了其特点和重要性。在数字化时代，信息安全已成为维护社会稳定和推动经济发展的关键因素，本章直面当前的安全威胁，如网络犯罪、数据泄露和隐私侵犯等，同时探索了新兴技术可能带来的新挑战。

2.1　信息安全的定义与重要性

2.1.1　信息安全的定义

信息安全是指保护信息系统及其存储、处理和传输的信息免受未经授权的访问、使用、泄露、破坏、修改或销毁，从而确保信息的保密性、完整性和可用性。它涵盖了物理安全、网络安全、应用安全、数据安全以及管理安全等多个层面，也涉及组织架构、管理制度、政策法规等多个方面，是一个综合性的概念。

首先，信息安全的重要性不言而喻。随着信息技术的迅速发展和信息化程度的提高，各类信息系统承载着越来越多的重要数据和关键信息，其中可能包括个人隐私、商业机密、国家机密等敏感信息。一旦这些信息泄露或遭到破坏，可能会给个人、企业甚至整个社会带来严重的损失和影响，因此保护信息安全至关重要。

其次，信息安全涉及的范围十分广泛。它不仅仅局限于保护信息系统的硬件设备和软件程序，还包括了相关的网络设备、通信链路、存储介质等多个方面。具体来说，信息安全可以分为以下几个方面。

(1) 物理安全：包括对信息系统设备和设施的物理保护，如安全门禁、视频监控、机房温湿度控制等措施，以防止未经授权的人员进入或破坏设备。

(2) 网络安全：涵盖了网络设备、网络拓扑结构、网络传输协议等方面，旨在防范网络攻击、入侵和恶意程序的侵扰，保障网络的稳定运行和数据的安全传输。

(3) 应用安全：指对软件应用程序的安全保护，包括对程序漏洞的修补、安全配置的设置、权限控制的管理等措施，以防止恶意用户利用软件漏洞进行攻击。

(4) 数据安全：关注对数据资源的保护，包括数据加密、备份恢复、访问控制、数据分类等方面，确保数据的保密性、完整性和可用性。

(5) 管理安全：涉及组织内部的管理制度、政策规范、安全培训等方面，以建立健全信息安全管理体系，提高组织对信息安全相关问题的应对能力。

除了以上几个方面外，信息安全还需要考虑外部环境的因素，如法律法规、行业标准、国际惯例等，以确保信息安全工作能够符合相关的规范和标准要求。

在信息安全工作中，常见的威胁包括但不限于：黑客攻击、病毒木马、网络钓鱼、数据泄露、内部恶意操作等。针对这些威胁，需要采取一系列的防护措施，包括但不限于：建立安全意识教育、加强访问控制、实施安全审计、建立应急响应机制等。此外，信息安全工作还需要与其他相关领域密切合作，如网络安全、数据保护、风险管理等，形成合力，共同应对信息安全挑战。

2.1.2　信息安全的特点

信息安全是当今数字化社会中至关重要的一个领域，它不仅关乎个人隐私和企业机密，也直接影响到国家安全和社会稳定。在这个信息爆炸的时代，信息安全具有以下几个关键特点：

(1) 保密性：信息安全的核心之一是保密性，即确保敏感信息只能被授权的个体或实体访问和使用，防止未经授权的人员获取到敏感信息。

(2) 完整性：信息的完整性保证信息在传输或存储过程中不被篡改或损坏，确保信息准确无误，使其不受未经授权的修改或破坏。

(3) 可用性：信息安全要求确保信息在需要时可被合法用户访问和使用，防止由于各种原因导致的信息不可用或无法正常获取。

(4) 可控性：信息安全需要能够对信息进行有效的管理和控制，包括对访问权限、使用权限和传输权限等进行精确控制，以确保信息的安全合规。

(5) 防护性：信息安全要求采取有效的技术和措施来防范各种安全威胁和攻击，包括网络攻击、恶意代码、数据泄露等，保护信息免受损失和泄露。

(6) 持续性：信息安全是一个持续的过程，需要不断地进行监测、评估和改进，以适应不断变化的安全威胁，保持信息安全的稳定性和可靠性。

2.1.3　信息安全的重要性

信息安全在现代社会中具有极其重要的地位，其意义深远而广泛，主要体现在以下几个方面：

(1) 维护国家安全：随着信息化程度的提升，国家的关键信息基础设施面临着日益复杂的安全挑战。信息安全不仅关乎国家政治、经济、军事等核心利益，更关系到国家的长期发展和社会的稳定。保护关键信息系统免受攻击和破坏，是维护国家安全的重要保障。

(2) 保护个人隐私：随着互联网的普及和信息化的深入发展，个人信息面临着被泄露、滥用的风险。信息安全的重要任务之一就是保护个人隐私，确保个人信息不被非法获取、篡改或滥用，维护个人的合法权益和隐私权。

(3) 保障企业利益：企业信息是企业运营和发展的核心资产，包括商业机密、客户数据、研发成果等。信息安全应确保能够有效防止企业机密被窃取、泄露或篡改，维护企业的竞争优势和市场份额，促进企业持续健康发展。

(4) 促进经济发展：信息安全是信息化发展的重要保障和基础。只有保障信息系统的安全和稳定，才能推动信息技术的广泛应用和深度融合，促进经济社会的持续发展。同时，良好的信息安全环境也能够吸引更多的投资和人才，促进创新和产业升级。

(5) 维护社会稳定：信息安全问题往往与社会稳定息息相关。网络谣言、虚假信息、网络攻击等都是可能引发社会不安定的因素，甚至会对社会秩序和国家安全造成威胁。加强信息安全工作能够有效预防和应对这些风险，维护社会的和谐稳定。

2.2　信息安全的发展历程

1. 初始阶段(古代至 20 世纪中期)

在古代，人类开始使用文字、信件等传递信息时，信息安全主要通过物理手段来进行保护。比如，在古代战争中，人们使用密码或密码学相关技术来保护通信的安全。这些密码通常是基于简单的替换或移位规则，只有发送者和接收者知道如何加密和解密。例如，古罗马时期的凯撒密码就是一种简单的移位密码，它通过将字母按照一定规则向后移动几位对信息进行加密。

随着工业革命的到来，机械和电子技术的发展为信息安全带来了新的挑战和机遇。在这个时期，通信技术得到了极大的提升，但信息安全仍然主要依赖于物理手段。比如，在20 世纪初期，人们开始使用密码机来加密通信，如德国的恩尼格玛机和美国的芝加哥机。这些密码机使用了复杂的电机和机械装置来进行加密和解密，极大地提高了通信的安全性。

2. 计算机时代(20 世纪中期至 20 世纪末期)

20 世纪中期至末期是信息安全领域发展的关键时期，这一时期见证了信息安全概念的形成和发展，也是计算机技术迅速发展的时期。

20 世纪 40 年代至 60 年代，是信息安全发展的起步阶段。随着计算机技术的兴起，人们开始意识到信息安全的重要性。在这个时期，人们主要关注的是密码学和密码分析等基础理论。例如，图灵在第二次世界大战期间破译了德国的恩尼格玛密码，这对后来密码学理论的发展产生了重大影响。

20 世纪 70 年代至 80 年代，是信息安全领域迈向网络时代的关键阶段。随着计算机网络的出现，信息安全问题变得更加复杂。在这个时期，人们开始研究网络安全协议和技术，如 DES 算法、RSA 加密算法等。1976 年，美国国家标准局(NIST)发布了 DES 算法作为数据加密的标准，这是第一个被广泛接受的对称加密算法。而 RSA 算法则是一种非对称加密算法，它由罗纳德·李维斯特(Ronald L.Rivest)、阿迪·萨莫尔(Adi Shamir)和伦纳德·阿德曼(Leonard M.Adleman)于 1977 年提出，被认为是公钥加密领域的重要里程碑。

20 世纪 90 年代，随着互联网的普及，网络攻击、计算机病毒等问题日益严重，信息安全面临着更大的挑战。在这个时期，人们开始关注网络安全标准和技术，如 SSL/TLS 协议、防火墙等。SSL(安全套接层)是一种安全协议，用于在互联网上传输数据。TLS(传输层安全)是 SSL 的后续版本，它修复了 SSL 存在的一些安全漏洞，并添加了新的功能。防火墙则是一种网络安全设备，用于监管和控制网络流量，通过配置防火墙，可以阻止未经授权的访问和网络攻击。

3. 信息化时代(21 世纪至今)

21 世纪以来，随着信息技术的飞速发展，人类进入了信息化时代。在这个时代，移动互联网、云计算、大数据等新技术不断涌现，为信息安全带来了新的挑战和机遇。

21 世纪第一个十年，是信息安全领域迎来全新挑战的阶段。随着移动互联网的普及，人们开始关注移动安全和移动应用程序的安全性。同时，大数据技术的发展也引发了对数据隐私和数据安全的关注。在这个时期，人们开始研究新的安全技术和解决方案，如移动设备管理(MDM)、数据加密、安全认证等。

21 世纪第二个十年，是信息安全领域面临更加复杂挑战的阶段。随着人工智能、物联网、区块链等新技术的快速发展，信息安全面临着更多的威胁和机遇。例如，人工智能技术可以用于开发新型网络攻击和恶意软件，而物联网技术则使得更多的设备连接到互联网上，增加了攻击面。在这个时期，人们开始研究新的安全解决方案，如人工智能驱动的安全系统、区块链技术用于加强数据安全性等。

人工智能驱动的安全系统利用机器学习和数据分析技术，可以实时监测网络流量和用户行为，识别和阻止潜在的安全威胁。例如，基于行为分析的安全系统可以分析用户的行为模式，识别异常行为并立即采取措施，以防止数据泄露或未经授权的访问。

区块链技术被广泛认为是一种安全性较高的数据存储和传输方式。区块链是一种分布式数据库，数据以区块的形式存储，并使用加密算法连接在一起，形成一个不可篡改的链条，这使得数据在传输和存储过程中具有高度的安全性和可信度。例如，在金融领域，区块链技术被用于构建安全的数字货币交易系统，如比特币和以太坊等。

除了技术层面的创新，法律和政策也在信息安全领域发挥着重要作用。各国政府和国际组织纷纷制定和实施了相关法律和政策，以保护信息安全和数据隐私。例如，欧盟的通用数据保护条例(GDPR)规定了个人数据的保护标准和要求，对违规者实施严厉的惩罚。而在中国，网络安全法等法律法规也对信息安全提出了明确要求，并规定了相应的管理措施和责任义务。

2.3　信息安全的威胁与挑战

2.3.1　网络攻击的类型与特点

网络攻击的类型多样且复杂，主要可以分为主动攻击和被动攻击两大类。

主动攻击是指攻击者通过网络直接对目标系统或数据进行破坏、篡改或窃取。这类攻击中，篡改消息是一种常见的形式，攻击者会改变、删除合法消息的某些部分，或延迟消息传递，甚至改变消息的顺序，以达到未授权的效果。常见的主动攻击有伪造攻击、拒绝服务攻击。伪造攻击是攻击者伪造含有其他实体身份信息的数据，假扮成其他实体，从而骗取合法用户的权利和特权。拒绝服务攻击也称为 DoS(Deny of Service)攻击，它会导致通信设备或服务的正常使用被无条件地中断。

被动攻击则是指攻击者在不对数据做任何修改的情况下，通过窃听、流量分析、破解弱加密的数据流等手段获取信息。这类攻击中，攻击者主要依赖窃取的信息，而不是直接破坏系统或数据。窃听是最常用的被动攻击手段，攻击者可以在未经用户同意和认可的情况下获取相关信息。

此外，还有一些常见的网络攻击类型，包括后门攻击、分布式拒绝服务攻击、扫描攻击、Web-CGI 攻击、Web-IIS 攻击、Web-FrontPage 攻击和 Web-ColdFusion 攻击等。这些攻击类型各具特点，有的利用软件漏洞进行后门安装，有的则通过大量请求使目标系统无法处理正常请求，还有的则是对特定 Web 应用或组件进行攻击。

网络攻击的特点主要体现在以下几个方面：

(1) 隐蔽性：攻击者往往利用各种手段隐藏身份和攻击痕迹，使受害者难以察觉。

(2) 可追溯性：尽管攻击者努力隐藏身份，但攻击行为和轨迹往往会留下痕迹，通过技术分析可以追溯到攻击者的身份和攻击手段。

(3) 危害性：网络攻击可能导致机密信息的泄露、关键基础设施的瘫痪，甚至对企业和个人的声誉和利益造成重大损害。

2.3.2　恶意软件的演变与危害

随着技术的不断进步，恶意软件的形式和攻击手段也在不断更新和演变，给用户和企业带来了严重的安全威胁。

首先，恶意软件的演变呈现出多样化和复杂化的趋势。传统的病毒、木马、蠕虫等恶意软件依然存在，并不断进化以逃避检测和清除。同时，新的恶意软件形式也不断涌现，如勒索软件、挖矿木马、钓鱼攻击等。这些恶意软件利用先进的加密技术、漏洞利用等手段，以更隐蔽和高效的方式对目标进行攻击和破坏。

其次，恶意软件的危害也越来越严重。它们不仅会对用户的计算机系统和数据进行破坏和窃取，还会对用户的隐私和财产安全造成威胁。例如，勒索软件会加密用户的文件并要求支付赎金才能解密，给用户带来经济损失和数据风险；挖矿木马则会利用用户的计算机资源进行加密货币挖矿，导致系统性能下降和电费增加；而钓鱼攻击则通过伪造可信网站或发送伪装成合法邮件的恶意链接，诱骗用户泄露个人信息或下载恶意软件。

此外，恶意软件还常常与黑客组织、网络犯罪团伙等不法分子相勾结，形成庞大的黑色产业链。这些团伙通过恶意软件获取用户信息、实施网络诈骗、传播恶意内容等手段谋取利益，对网络安全和社会稳定构成严重威胁。

为了应对恶意软件的威胁，用户和企业需要采取一系列的安全措施。首先，要保持警惕，不轻易点击来历不明的链接或下载未知来源的软件。其次，要定期更新操作系统、浏览器和杀毒软件等安全软件，确保系统及时修补漏洞并有效识别和清除恶意软件。此外，还可以采用网络安全设备和解决方案，如防火墙、入侵检测系统等，提高网络安全防护能力。

2.3.3　数据泄露与隐私保护的挑战

数据泄露与隐私保护的挑战是多方面且复杂的，涵盖了技术、管理、法律等多个层面。以下是一些主要的挑战：

(1) 技术挑战：随着大数据、云计算、物联网等技术的快速发展，数据的收集、存储、处理和应用变得更加复杂和多样化。这种技术环境的变化使得数据泄露的风险增加，隐私保护的难度也随之提升。例如，黑客可能利用先进的攻击手段和技术漏洞来窃取敏感数据，而传统的安全防护措施可能无法有效地应对这些新型攻击。

(2) 管理挑战：许多组织在数据管理和隐私保护方面存在不足，这包括缺乏完善的数据管理制度、员工隐私保护意识薄弱、数据访问权限控制不严格等问题。这些管理漏洞可能导致数据泄露的风险增加，甚至可能引发严重的隐私泄露事件。

(3) 法律挑战：随着数据泄露事件的频发，各国纷纷加强了对数据保护和隐私权的法律监管。然而，不同国家和地区的法律法规存在差异，这给跨国企业的数据管理和隐私保护带来了挑战。企业需要确保在全球范围内遵守相关法律法规，避免因违规行为而遭受处罚和声誉损失。

(4) 用户挑战：用户对隐私保护的期望和需求不断提高，他们希望自己的个人信息能够得到充分的保护，避免被滥用和泄露。然而，在享受互联网服务的过程中，用户往往需要提供个人信息以获取更好的服务体验。如何在保障用户隐私的同时提供优质的服务，是企业需要面临的重要挑战。

(5) 协同挑战：数据泄露与隐私保护需要政府、企业、社会组织和个人等多方共同参与和努力。然而，在实际操作中，各方之间的协同合作往往存在困难。例如，政府需要制定和执行相关法律法规，企业需要加强数据管理和安全防护措施，社会组织和个人需要提高隐私保护意识和能力。如何实现多方协同、形成合力，是数据泄露与隐私保护面临的重要挑战。

为了应对这些挑战，需要采取一系列措施，包括加强技术研发和应用、完善数据管理制度和流程、提高员工和用户的隐私保护意识、遵守相关法律法规、加强多方协同合作等。同时，也需要不断探索和创造新的隐私保护技术和方法，以适应不断变化的数据环境和用户需求。

2.3.4　社交工程与网络钓鱼

社交工程(Social Engineering)与网络钓鱼(Phishing)都是网络安全领域中的常见攻击手段，但它们的目的和使用方式有所不同。

社交工程是一种非纯计算机技术类的入侵方式，它更多地依赖于人类之间的互动和交流，通常是通过欺骗他人来破坏正常的安全过程，以达到攻击者的目的。攻击者可能会伪装成值得信任的个人或机构，通过电话、面对面交流或其他方式与受害者互动，诱使其泄露信息或执行某些行为。这种攻击方式更侧重于利用心理学和交流技巧，通过制造紧急情况或引发受害者的情绪反应，迫使其作出错误决策。

网络钓鱼则是一种通过电子通信手段，如虚假的电子邮件、网站或信息，来欺骗人们以获取个人信息、账户信息或其他敏感信息的攻击方式。攻击者通常会伪装成可信的品牌或机构，如银行、电子邮件提供商或其他在线零售商，骗取用户的私人信息。他们可能会创建与合法网站外观相似的假网站，诱使用户在上面输入个人信息，或者通过发送伪装成合法机构或个人的电子邮件，引诱受害人点击恶意链接或提供个人信息。

虽然社交工程和网络钓鱼都涉及欺骗和诱导受害者，但它们在实施方式和依赖的技术手段上有所不同。社交工程侧重于人际交流和心理操作，而网络钓鱼则更侧重于利用技术手段来欺骗受害者。然而，两者都需要受害者的信任和合作才能成功。

2.3.5　信息安全面临的主要挑战

信息安全面临着多重挑战，这些挑战随着技术的快速发展和环境的不断变化而变得日益复杂。下面是当前信息安全面临的一些主要挑战：

(1) 网络攻击和黑客技术升级：黑客利用各种手段，如钓鱼攻击、勒索软件、DDoS 攻击等，对政府机构、企业、个人等进行网络攻击，造成巨大的经济损失和声誉风险。这些攻击手段不断升级，给信息安全带来了巨大挑战。

(2) 数据泄露和信息盗窃问题：不法分子通过各种手段盗取企业或个人的重要数据和信息，给企业和个人带来不可估量的损失。数据泄露事件的不断发生，使得个人隐私和企业商业秘密受到了严重威胁。

(3) 新兴技术带来的安全问题：随着人工智能、物联网、5G 等新兴技术的快速发展，虽然给人们带来了很多便利，但同时也带来了新的安全问题。这些技术为黑客提供了新的攻击手段，使得信息安全的防护更加困难。

(4) 人为因素和管理挑战：人为疏忽、错误操作或恶意行为可能导致信息泄露和安全漏洞。同时，合规问题也是一个重要挑战，企业需要遵守各种法律法规要求，否则将面临法律制裁的风险。

(5) 快速变化的威胁：信息安全威胁和攻击手段在不断发展变化，给信息安全管理带来了新的挑战。企业需要时刻保持警惕，不断更新安全防护措施，以应对新的威胁。

第二部分

信息安全技术

第 3 章　　物 理 安 全

物理安全构成了信息安全的基石，它是守护我们数字堡垒的第一道防线。它所涉及的范围广泛，从关键基础设施的严密防护到每一件设备的安全管理，每一环节都至关重要。本章将引导读者深入探索物理安全的世界，揭示如何利用物理措施来防范潜在的威胁，确保信息系统的坚不可摧。

3.1　概　　述

3.1.1　物理安全的定义与重要性

1. 物理安全的定义

传统物理安全通常指的是保护信息系统设备、设施及其他媒体免受自然灾害(如地震、水灾、火灾)、人为破坏以及各种计算机犯罪行为的影响，其核心在于确保信息系统设备的实体安全。随着信息技术的不断发展，物理安全的概念也在不断扩展。物理安全现在更多关注于保护涉密信息的安全和保密性，包括关注设备和场所在处理涉密信息时产生的电磁、声音、光线等的安全性，以及关注涉密设备和载体在信息流转操作中的安全性，如拷贝、复印、打印等。总体而言，当前物理安全的概念涵盖了物理空间内载体与信息的总体安全。与传统的物理安全相比，其核心目标已由关注设备、介质等载体的可用性扩展为关注信息本身的安全性。在信息安全系统中，"人"是重要的组成部分，人类社会因素是信息安全的首要问题；"机"代表着信息生成、处理、存储、传输和显示的设施和设备；"物"指的是物理空间和自然环境要素，如声音、光线、电磁波和热量等。

2. 物理安全的重要性

物理安全的重要性体现在以下五方面：

(1) 保护关键资产：物理安全是保护企事业单位、社团组织关键资产的第一道防线。这些资产可能包括昂贵的设备、敏感的数据、知识产权，甚至员工和客户的人身安全。没有有效的物理安全措施，这些资产可能面临被盗、损坏或泄露的风险。

(2) 预防潜在威胁：通过实施物理安全措施，可以预防和减少潜在的安全威胁。这包括防止未经授权的访问、防止恶意破坏或干扰以及应对自然灾害等不可预见的事件。

(3) 维护业务连续性：如果物理设施受到破坏或无法正常运行，可能会导致业务中断、数据丢失等严重后果。因此，通过实施物理安全措施，单位、组织可以确保在面临各种挑战时能够迅速恢复业务运营。

(4) 提升整体安全水平：物理安全与信息安全、网络安全等其他安全领域相互关联、相互补充。通过加强物理安全，可以提升单位、组织的整体安全水平，降低安全风险。

(5) 符合法规要求：在某些行业或地区，单位、组织需要遵守特定的物理安全法规或标准。实施物理安全措施可以帮助组织满足这些法规要求，避免可能的法律责任。

3.1.2　物理安全与信息安全的关系

物理安全的重要性在当今信息时代愈发凸显，物理安全已不再局限于防范自然灾害和人为破坏，而是更注重保护涉密信息的安全性，关注设备和场所在处理敏感信息时可能产生的各种潜在安全隐患。

在信息安全体系中，物理安全与信息安全密不可分，它们彼此相辅相成，构建了一个完整的安全体系。首先，物理安全为信息安全提供了基础。缺乏适当的物理安全措施，信息系统将难以有效保护敏感信息。例如，若数据中心缺乏严格的门禁和监控系统，未经授权的人员可能轻易进入并直接访问服务器和网络设备，造成严重安全隐患。因此，物理安全设施的建立为信息安全提供了必要的保障。

其次，信息安全也依赖于物理安全的支持。尽管信息安全主要关注数据和信息的保护，但物理层面的安全漏洞同样可能导致信息安全受到威胁。例如，服务器的物理环境不安全可能受到恶意攻击或物理破坏，导致数据丢失或泄露。因此，物理安全措施需要与信息安全措施相结合，构建坚固的安全防线。

此外，物理安全和信息安全在管理和维护方面也需相互配合。物理安全需要考虑信息系统的布局、设备配置和访问控制等因素，以保障信息系统的正常运行和数据安全。同时，信息安全也需要关注物理层面的威胁和漏洞，并采取相应技术手段进行防范和应对。

3.2　物理安全的基础设施

3.2.1　门禁系统与控制

1. 门禁系统

门禁系统与控制在物理安全领域中扮演着关键角色，是建筑物或设施的首要防线，确保只有授权人员能够进入。这种系统不仅提供了基本的进出控制功能，还通过各种先进技术和智能化功能不断完善和加强安全管理。

门禁系统作为安全管理的核心，通过对人员出入通道进行权限控制，有效地管理和监控出入人员。它结合硬件设备和系统软件，如门禁控制器、读卡器、电子锁以及管理软件，构建了一个多层次的安全防护体系。这些系统可以采用多种门禁方式，包括刷卡、密码、指纹识别、面部识别等，以满足不同场合的安全需求。

2. 门禁控制

门禁控制则是门禁系统的核心操作，负责处理出入人员的权限验证、记录管理、报警处理等任务。通过门禁控制器的智能判断和控制，可以及时有效地防止未授权人员进入敏感区域，同时记录并报警处理异常情况，为安全管理提供了可靠的数据支持。

随着技术的不断进步，联网型门禁系统成了主流趋势。这种系统通过网络连接，实现了远程监控、集中管理等功能，极大地提高了安全管理的效率和便利性。同时，智能门禁系统也日益普及，通过先进的生物识别技术和智能算法，实现了更高级别的安全认证和管理，如人脸识别、虹膜识别等，为用户提供了更便捷、安全的出入体验。

在门禁系统的控制方面，除了基本的进出控制功能外，还可以根据实际需求设置更为复杂的逻辑控制方式，如双重认证、时间段访问控制、防尾随等，以提高安全性。此外，门禁系统还可以与其他智能设备进行联动，如视频监控、智能家居、办公设备等，实现全方位的安全管理和智能化的场景应用。

3.2.2　视频监控系统

视频监控系统作为防范区域内所有人员及重点物品的重要手段，主要由前端图像采集、传输、控制、显示与记录以及系统管理五大部分组成。

视频监控系统的工作原理是通过摄像头拍摄视频画面，并将信号传输到监控中心进行处理和显示。监控系统分为模拟监控系统、数字监控系统和互联网监控系统。随着技术的不断创新，视频监控系统正朝着高清化、网络化、智能化和云端化等方向发展。高清摄像头可提供更清晰、更细腻的图像，网络化可实现远程监控和管理，智能化可通过图像识别、行为分析等技术实现对异常行为的自动识别和报警，云端化可实现数据的备份和共享，提高了数据的安全性和可靠性。

视频监控系统在公共场所、工厂、园区等领域有广泛应用。在公共场所，它管理城市资源，实现智能安防；在工厂和园区，结合可移动巡线机器人，实现对安全隐患的实时监控和预警。

3.2.3　报警系统

报警系统能够自动探测布防监测区域内的侵入行为，并及时产生报警信号，提示相关人员采取必要的对策。系统在预防抢劫、盗窃等意外事件方面发挥着重要作用。

报警系统由多个部件组成，包括报警信号输入设备(如探测器、紧急按钮)、报警主机(用于信号处理)、报警信号输出设备(如继电器、声光报警设备)、控制设备(如键盘、遥控器)、管理平台(包括平台软件、客户端软件、移动端软件)以及接警中心(包括网络、电话、无线通信)。

一旦发生突发事件，报警系统能够迅速、准确地通过声光报警信号在安保控制中心显示事发地点，使相关人员能够迅速采取应急措施。

此外，报警系统广泛应用于建筑物、工厂、学校、医院等场所，在火灾、煤气泄漏、电路故障、入侵等紧急情况下及时发出警报，提醒人们采取适当的措施，减少损失。

随着技术的不断进步和创新，报警系统的性能和智能化程度也在不断提高。新一代报警系统采用了先进的传感器技术和智能化管理系统，能够实时监测潜在风险，并迅速发出报警信号，从而提高安全防控的效率和准确性。

3.3　物理场所安全

3.3.1　物理场所的安全隐患

1. 周边环境

随着对外开放地区的扩大，重要场所周边环境变得愈发错综复杂。一些重要设施坐落于繁华的闹市区、经济发达的开发区以及热门的旅游区域，周围环绕着各式各样的涉外机构、企业和宾馆，这种地理位置增加了信息安全的风险。因此，在规划和建设重要场所时，必须深入分析周边环境，严格筛选合适的物理场地，以确保设施的安全性和隐蔽性。同时，还需要采取有效的安保措施，包括加强周边区域的巡逻和监控，提高应对突发事件的能力，以应对复杂多变的外部环境带来的挑战。

2. 自然灾害

物理场所面临着各种自然灾害的威胁，其中包括水灾、火灾、地震、鼠蚁虫害以及雷击等。火灾是其中危害较大且较为常见的灾害之一，其起因可能包括电线破损、电气短路、抽烟失误、蓄意纵火、接线错误以及外部着火蔓延等。水灾可能导致电缆浸泡、绝缘破坏，甚至造成计算机设备短路或损坏。地震则可能导致建筑结构损坏或倒塌、电线或通信线路中断，以及物品丢失等直接影响。鼠蚁虫害也是安全隐患之一，这些小动物进入机房可能咬坏电缆，严重时可能引发电源短路。雷击可能对计算机设备造成损坏。据报道，1985 年的一次雷电事件曾导致美国一栋 15 层大楼内的所有计算机损坏。

因此，在建设重要场所时，尤其是计算机系统的机房建设，必须考虑防火、防水、防震、防雷击等因素，采取一系列的防护措施，如安装火灾报警系统和灭火设备、采用防水材料和防水工艺、加固建筑结构以提高抗震能力，并且设置防雷装置等。综合考虑各种因素并制订综合的防灾预案，可以有效减少自然灾害对重要场所的影响，确保设施和信息的安全。

3. 物理环境

计算机信息系统对环境因素的要求极为严格。研究表明，室温每上升 10℃，电子元器件的可靠性降低约 25%，当环境温度超过 60℃时，计算机系统极易发生故障。同时，过高或过低的湿度也会影响元器件和电路的电气性能，造成静电、磁介质失磁等问题。灰尘和静电亦是潜在的危险，前者容易引起磁盘或磁带读写头的划伤，后者则可能直接导致计算机设备损坏。综合考虑这些因素，保证机房内部环境的稳定性和安全性至关重要。

3.3.2 场所的建设——机房的安全防护

电子信息系统机房的安全防护，是指通过对放置计算机、通信设备、控制设备等电子信息设备的场所进行细致周密的规划和设计，使电子信息系统得到物理上的严密保护，从而避免可能存在的不安全因素。《电子信息系统机房设计规范》(GB 50174—2017)将电子信息系统机房分为 A、B、C 三级。

A 级为"容错"系统，可靠性和可用性等级最高，适用于电子信息系统运行中断将造成重大经济损失或公共场所秩序严重混乱的情况。例如金融行业、国家气象台、国家级信息中心、重要的军事部门、交通指挥调度中心、广播电台、电视台、应急指挥中心、邮政、电信等行业的数据中心。

B 级为"冗余"系统，可靠性和可用性等级居中，适用于电子信息系统运行中断将造成较大经济损失或公共场所秩序混乱的情况。例如科研院所、高等院校、博物馆、档案馆、会展中心、政府办公楼等的数据中心。

C 级为满足基本需要的系统，可靠性和可用性等级最低。不属于 A 级或 B 级的电子信息系统机房应为 C 级。

1. 场地选择

机房的位置选择至关重要，应尽量避免设置在建筑物的高层或地下室。这是因为高层建筑在火灾和强风情况下，疏散和救援难度较大；而地下室容易受潮，并且可能在洪水或排水系统故障时遭受水浸。此外，机房不宜设置在用水设备的下层或隔壁，因为漏水可能对设备造成严重损害。

机房还应避开可能引发火灾的区域，以及含有有害气体和存放腐蚀性、易燃、易爆物品的地方。避免选择地势低洼、潮湿的场所，以防潮湿带来的风险。还应远离容易遭受雷击的区域，以及地震频繁的地带，以减少自然灾害对设备的威胁。

此外，机房的位置应避开强振动源，如铁路和重型机械，以免振动影响设备的稳定性。也要避开强噪声源，因为噪声不仅会影响工作环境，还可能是振动的间接来源。最重要的是，机房应远离强电磁场的干扰源，这些干扰可能导致数据损坏和设备故障。

2. "三度"要求

(1) 温度。建议在开机时将温度控制在 15～30℃，在停机时则保持在 6～35℃，以确保设备在合适的温度下运行，并在停机状态下避免温度过高或过低对设备造成影响。

(2) 湿度。推荐将相对湿度控制在 40%～70%，以维持适宜的湿度水平。这有助于防止设备受潮或过度干燥，从而保障设备的稳定运行。

(3) 洁净度。建议控制尘埃颗粒直径小于 0.5 μm，且含尘量低于 18 000 粒/cm^3。要定期清洁和维护机房环境，确保空气中的颗粒物不会对设备产生不利影响。

3. 防火与防烟

机房的建筑和装修材料的耐火等级应符合相关标准规定的耐火等级，以提高火灾发生时的安全性。此外，机房应设置火灾自动报警系统和灭火设施，如手提式灭火器、消防栓、烟感式探测器、自动喷水灭火系统等，以便及时发现和扑灭火灾。

在机房布局方面，应将脆弱区和危险区进行隔离，以防止外部火灾进入机房造成更大的损失。此外，还应注意保持机房内部通道畅通，方便人员疏散和消防救援。

防火措施不仅包括建筑和装修材料的选择，还包括对火源和热源的控制，防止设备与可燃物接触。员工应接受消防知识的培训，提高对火灾危害的认识，以便在火灾发生时能够迅速采取正确的应对措施，确保人员的安全。

防烟系统在火灾发生时也起着至关重要的作用。通过自然通风或机械加压送风方式，防烟系统可以防止烟气进入疏散通道和避难区域，为人员疏散和灭火救援提供有利条件。因此，保证防烟系统的正常运行也是机房防火工作的重要内容。

4. 防水安全

机房的防水工作至关重要，其天花板、墙壁和地板之间应采用不透水的密封材料进行封闭，以防止水分渗透和漏水现象的发生。特别是在水管安装方面，应避免穿过屋顶和活动地板，穿过墙壁和楼板的水管应采用套管，并采取可靠的密封措施，以确保水管系统的安全和稳定。

为有效防止给水、排水和雨水通过屋顶或墙壁漫溢和渗漏，还应采取相应的防漏措施，如加强屋顶和墙壁的密封性，及时修复漏水点等。此外，机房还可安装漏水检测系统，并配置报警装置，以便及时发现并处理漏水问题，减少可能的损失。

5. 防雷与防电击

物理安全中的防雷与防电击是确保建筑物、设备和人员安全的重要措施。

(1) 防雷。防雷主要是为了保护建筑物和电子设备免受雷电的危害。雷电是一种强大的自然现象，它可能通过直接击中建筑物或设备，或通过电磁感应等方式对它们造成损害。因此，防雷措施对于减少火灾、爆炸、人员伤亡、设备损坏、数据丢失等灾害至关重要。防雷系统通常包括外部防雷器和内部防雷器，外部防雷器用于防止直击雷对建筑物和设备的损害，而内部防雷器则用于防止感应雷对电子设备和电气系统的破坏。

(2) 防电击。防电击则是为了防止电流通过人体而造成的伤害。在电气系统中，由于设备故障、线路老化或人员操作不当等原因，可能会导致设备带电，从而危及人员的安全。因此，防电击措施的核心是确保电气设备的金属外壳有效接地，以及采取其他必要的安全措施，如使用漏电保护器、定期检查电气设备的绝缘性能等。

6. 防盗和出入口控制

机房的安全防范工作应包括安装防护窗、防盗门，并在门窗及重要部位装设防盗报警装置，以及设置视频监控系统或实施 24 小时有人值守，对关键区域进行全天候监视。

除此之外，还应指定专人负责机房出入口，严格控制人员进出，未经允许的人员不得擅自进入机房区域。为了加强对出入口通道的监控和管理，可配置视频监控系统，并配备电子门禁系统，以确保只有经过授权的人员才能进入机房，并对进入的人员身份进行鉴别和登记，提高安全性和管理效率。

7. 防静电

为了有效防止静电对机房设备和人员的影响，首先需要建立良好的接地系统，确保物体与大地之间形成可靠的泄静电回路。此外，还可以在机房内安装湿度调节器，以维持适当的湿度水平，有助于减少静电的产生和积累。

在选择机房内的各种家具、工作台、柜等物品时，应优先考虑使用产生静电小的材料，以减少静电的生成和传播。同时，还可以采取一系列措施，如地面铺设防静电地毯或使用防静电地板，以减少静电的积累。

3.4　载体安全

载体是指各种用来存储和记录信息的形式，包括文字、数据、符号、图形、图像、视频、音频等。这些信息可以保存在不同种类的介质上，如纸质介质、电磁介质、光介质、半导体介质等。每一种介质都有其特定的优势和应用场景，纸质介质常用于记录文字和图形；磁介质如磁带、磁盘常用于存储数据和音频；光介质如光盘则常用于保存大量数据、视频和音频文件；半导体介质如存储芯片则被广泛应用于电子设备中。

3.4.1　纸质介质载体

纸质介质载体包括传统的纸质文件、资料、书刊、图纸等，尽管办公自动化日益普及，但纸质文件仍然在重要文件传递和保存中发挥着重要作用。在传递纸质文件时，需要防止文件被恶意复印或非法拍照。

1. 复印环节

现有的防复印技术主要包括两个方面：一是使文件不能被复印；二是可查知文件是否被复印。

现有的防止复印的主要技术手段有纸张镀膜和纸张加网点、特殊油墨、全息显微点、文件缩微卡等，下面介绍这几种常见技术。

(1) 纸张镀膜和纸张加网点防止复印技术。利用在纸张表面或内部添加化学物质的方法，能够产生强烈的荧光或漫反射效果，从而有效地阻止复印机复制纸上的信息。这些技术可以在复印时产生干扰或变形，使得复印件质量下降，同时也提高了对抗复制的难度。因此，纸张镀膜和加网点技术是当前防止文件被复印的重要手段之一。

(2) 特殊油墨防止复印技术。在文件表面涂覆光聚合物质或光变色物质等感光材料，可感应复印机光源发出的光线。一旦文件被复印，这些材料会产生暗号或变色反应，显现出文件被复制的痕迹，从而方便检查和确认文件的复印情况。这种技术有效地增强了对文档安全性的保护，并提供了一种简单而直观的方式来检测未经授权的复印活动。

(3) 全息显微点防止复印技术。文件使用后，可以采用一次性的、难以仿制和复制的材料进行密封保存。例如，可以使用含有全息图的一次性密封胶条，一旦贴上这种胶条就无法完整地揭下来，因为在揭取时全息图会被毁坏而无法复原。这种设计使得检测保存文件是否被阅读或复印变得更加简便可靠。

(4) 文件缩微卡防止复印技术。通过光学方法将文件缩微化，把文件缩小到透明或不透明的卡片上，每页文件的面积为 $3\,\text{mm} \times 4\,\text{mm} \sim 4\,\text{mm} \times 6\,\text{mm}$。由于复印机无法达到如此高的分辨率，这种卡片式文件很难被复印，因此，这种缩微技术成为一种有效的文件保护方法，适用于需要高度保密的文档。

2. 销毁环节

纸质介质可以采用多种技术进行销毁，包括粉碎、焚毁和化浆等方法。

(1) 粉碎：这是一种物理销毁方法，通过使用专业的碎纸机将纸张切割成小片或条状，使其难以重新拼凑和阅读。粉碎的程度可以根据需要选择，从粗碎到微碎不等。

(2) 焚毁：通过焚烧的方式将纸质介质彻底销毁。这种方法适用于需要彻底销毁的文件，但需要在安全的环境下进行，以防止火灾和环境污染。

(3) 化浆：将纸张浸泡在水中，加入化学助剂，使其分解成纸浆，然后可以重新制成新的纸张或其他纸制品。这种方法环保且可以回收利用资源。

(4) 溶解：使用特定的化学溶剂，如酸或碱，将纸张溶解，这种方法在特定行业和实验室中使用，以确保信息的彻底销毁。

(5) 生物降解：利用微生物或酶将纸张分解，这种方法环保，但处理时间较长。

(6) 高能粒子辐射：通过高能粒子辐射破坏纸张中的分子结构，使其变得无法阅读。这种方法成本较高，通常用于特别敏感的文件。

3.4.2 光介质载体

光介质载体指的是利用激光原理进行写入和读取涉密信息的存储介质，包括 CD、DVD 等各类光盘。在美国中央情报局的攻击工具集中，有一种名为 Hammer Drill 的工具，它是一种专门设计用于渗透目标网络的恶意软件。通过感染刻录软件，Hammer Drill 能够在光盘制作过程中植入恶意代码，使得使用这些光盘的系统或网络受到攻击。这种技术巧妙地利用了人们日常使用的光盘作为攻击载体，对网络安全构成了潜在威胁。

为了应对这种类型的攻击，需要采取相应的防御措施，包括定期更新防病毒软件、限制使用未知来源的光盘、加强对刻录软件的审查和监控等，以确保网络系统的安全性和稳定性。

1. 光盘保护

光盘加密方式主要有：

CSS 加密技术(Content Scrambling System，数据干扰系统)：这种技术将全球光盘设置为 6 个区域，并对每个区域进行不同的技术加密，只有具备该区域解码器的光驱才能正确处理光盘中的数据。

APS 加密技术(Analog Protection System，类比信号保护系统)：这种技术的主要作用是防止从光盘到光盘的复制。通过特殊信号影响光盘的复制功能，使光盘的图像产生横纹、对比度不均匀等问题。

光盘狗技术：这种技术通过识别光盘上的特征来区分原版盘和盗版盘，这些特征在光盘压制生产时自然产生，且在盗版者翻制光盘过程中无法提取和复制。

外壳加密技术：这种技术在正常的 EXE 文件外面增加一个保护程序外壳，运行时首先判断是否存在加密程序的特征音轨，如果存在则允许执行。

CGMS 技术(Content Generation Management System，内容拷贝管理系统)：这种技术通过存储于每一光盘上的有关信息来控制数字拷贝。

DCPS 技术(Digital Copy Protection System，数字拷贝保护系统)：这种技术让各部件之间进行数字连接，但不允许进行数字拷贝，防止未鉴证的已连接设备窃取信号。

CPPM 技术(Pre-Recorded Media Content Protection)：这种技术一般用于 DVD-Audio，通过在盘片的导入区放置密钥来对光盘进行加密。

CPRM 技术(Content Protection for Recordable Media，录制媒介内容保护技术)：这种技术将媒介与录制相联系，通过每张空白的可录写光盘上的盘片 ID 进行加密。

这些技术共同构成了光盘加密的主要方式，用于保护光盘数据不被非法复制或访问。

2. 光盘销毁

光盘销毁技术主要包括高温焚烧、粉碎和化学销毁，这些方法旨在确保光盘上的数据无法恢复。

(1) 高温焚烧：将光盘置于高温炉中进行焚烧，使其完全熔化并分解成无害的物质。高温焚烧可以有效地销毁光盘上的数据，但需要使用专门的设备和场地，并确保焚烧过程不会对环境造成污染。

(2) 粉碎：将光盘通过专用的粉碎机进行机械粉碎，将其切割成小块或细粉。这种方法能够有效地破坏光盘表面的数据层，使其无法恢复。粉碎后的光盘碎片可以进一步处理，以确保数据完全销毁。

(3) 化学销毁：使用化学物质对光盘进行处理，使其表面的数据层被溶解或腐蚀。这种方法可以迅速而彻底地销毁光盘上的数据，但需要谨慎处理化学物质，以避免对环境造成危害。

无论采用哪种方法，都应该确保光盘销毁过程符合环保标准，并且确保其中的数据无法被恢复。

3.4.3 电磁介质载体

电磁介质载体包括电子介质和磁介质两种类型。电子介质载体是指利用电子原理写入和读取信息的存储介质，用半导体(芯片)材料存储信息的非易失性存储设备，包括各类 U 盘、电子存储、固态硬盘等。磁介质载体是指利用磁原理写入和读取信息的磁材料存储介质，包括硬磁盘(机械硬盘)、软磁盘、磁带、录音带、录音笔等。

1. 电子介质载体

2010 年，美国情报机构曾经利用震网病毒通过 USB 设备对伊朗物理隔离的核反应堆进行攻击，对伊朗核工业造成了重大打击。这种攻击方式通过将恶意代码植入 U 盘等设备，对目标设备进行持续渗透。

U 盘由芯片控制器和闪存两部分组成。芯片控制器负责与计算机进行通信，而闪存则用于数据存储。闪存中的一部分区域用于存放 U 盘的固件，这部分存储区域不受杀毒软件的扫描和查杀影响。一旦 U 盘的固件内植入或感染了木马，U 盘攻击将绕过杀毒软件的防护，自动运行并发起攻击。

使用 U 盘过程中的安全问题有以下几点：

(1) 病毒感染：U 盘由于其便携性，常被用作在不同计算机间传输文件，这使得它们成为病毒传播的理想媒介。为了防止病毒感染，推荐使用如 Bitdefender Total Security 等防病毒软件进行定期扫描，确保 U 盘在连接到计算机之前是干净的。

(2) 数据泄露：如果 U 盘丢失或被盗，存储在其中的数据可能会被未授权的人访问。为了防止这种情况，可以使用 BitLocker 或 VeraCrypt 等全盘加密工具对 U 盘进行加密，确保数据安全。

(3) 自动播放攻击：Windows 系统的自动播放功能可能会在插入 U 盘时自动执行恶意代码。禁用自动播放功能可以减少这种风险，具体可以通过组策略编辑器或注册表编辑器来禁用自动播放功能。

(4) 假冒 U 盘：市场上存在一些假冒伪劣的 U 盘，它们可能使用劣质材料制造，容易损坏，导致数据丢失。购买时应从可信赖的供应商处购买，并检查 U 盘的真伪。

(5) 物理损坏：U 盘可能会因为跌落、撞击或长时间暴露在极端温度下而损坏。为了减少物理损坏的风险，应妥善保管 U 盘，并避免在恶劣环境下使用。

(6) 固件损坏：U 盘的固件可能因为各种原因损坏，导致无法正常使用。定期更新 U 盘固件可以减少这种风险。

(7) 容量造假：一些不法商家可能会出售容量被夸大的 U 盘，即所谓的"扩容盘"。可以使用专业工具检测 U 盘的实际容量，避免购买到扩容盘。

(8) 数据覆盖和删除：错误地覆盖或删除 U 盘上的数据可能导致重要信息丢失。使用如 sdelete 这样的工具可以安全地删除文件和擦除磁盘上的数据，确保数据被彻底清除。

(9) USB 接口安全：USB 接口可能存在安全漏洞，被黑客利用来攻击系统。可以通过禁用自动运行功能、加密存储数据、监控 USB 使用行为、设定 USB 访问权限等措施来提高 USB 接口的安全性。

(10) 权限管理：在多用户环境中使用 U 盘时，需要妥善管理文件和目录的访问权限，以防止未授权访问。如可以设置不同的访问权限，确保只有授权用户才能访问敏感数据。

2. 磁介质载体

磁介质载体，如磁盘，是由一个或多个涂覆有磁性材料的圆盘组成，它们围绕一根中心轴旋转，这些圆盘的上、下表面存储着二进制数据位。磁介质泄露信息主要依赖于剩磁效应，即在磁盘上写入数据时，读写磁头使用的信号有强弱之分，且为了不干扰相邻数据位，写入信号不会非常强。这样，通过分析数据位的信号强度，可以推断出之前存储的数据。这意味着即使是已删除或格式化的磁盘数据，甚至是被覆盖的数据，理论上也是可以被恢复的。

为了增强数据安全性，可以采取以下措施：

- 使用专业的数据擦除工具对磁盘进行彻底擦除，覆盖已有数据，使其无法被恢复。
- 对于特别敏感的数据，可以考虑物理销毁磁盘或使用加密技术来保护数据安全。

磁介质涉密载体信息清除技术主要有两种：数据清理技术(覆盖)和数据净化技术(消磁)。

1) 数据清理技术(覆盖)

这是一种将非敏感数据写入曾存放过敏感数据的存储位置的过程，是一种相对安全、经济高效的数据销毁方法。其原理在于使用无意义、无规律的信息反复多次覆盖硬盘上原有的数据，以达到彻底销毁数据的目的。通过多次覆盖，原先的数据位被完全覆盖，使得无法确定原数据是"1"还是"0"，从而确保数据不可恢复。然而，如果覆写次数不足，仍存在被窃密者通过信号强度来推断原数据的可能性。因此，在执行覆盖操作时，必须确保对硬盘上所有可寻址的部分都进行连续写入。任何复写期间的错误、坏扇区未被处理或软件本身被非授权修改都可能导致数据未被完全销毁，从而有被恢复的风险。对于存储高密级数据的硬盘，必须采取彻底销毁的方式来确保数据的安全。此外，对于半导体介质如 U 盘、存储卡等，虽然不存在磁介质的剩磁效应，但在数据销毁上仍主要采用数据覆盖技术，因此对这些介质的处理也需要谨慎。

2) 数据净化技术(消磁)

这是一种利用专用消磁设备对磁盘表面的磁介质进行磁化的过程。消磁操作通过施加瞬时强磁场，使得磁性颗粒沿着场强方向重新排列，导致介质表面的磁性颗粒的极性方向发生改变，从而使数据销毁。为了确保数据无法被重建，正确的消磁操作必须确保剩磁不足以恢复数据。主要的消磁方法有以下两种。

直流消磁法：该方法通过施加较强的单向磁场，将介质上的磁性材料全部磁化到饱和状态。尽管这种方法简单实用，但并非百分之百可靠。研究表明，即使磁盘经过多次改写或格式化后，通过采用高分辨率磁头等技术，仍有可能从已经抹除的磁盘上读出最初写入的数据信息。

交流消磁法：这种方法是在磁头线圈中通以超高频电流，产生一个幅度随时间由初始高峰逐渐减小的交流电。这样的电流会使磁盘首先被磁化到饱和状态，然后进行退磁，再次磁化，如此反复。与直流消磁法相比，交流消磁法的效果要好得多，它能够快速有效地抹除存储在软磁盘内的全部文件，确保秘密文件的安全。交流消磁法的使用可确保数据被彻底清除，不会被未经授权的人恢复或访问。因此，在处理敏感数据时，交流消磁法是一种高效可靠的选择。

3.4.4　载体的管理

载体的管理涵盖了从制作到销毁的全生命周期，以确保对信息载体在每个阶段的严格监控和管理。这个过程包括制作、收发、传递、使用、复制、保存、维修、销毁等多个关键环节。全生命周期管理可以被理解为"从摇篮到坟墓"的全过程管理，旨在通过规范的操作流程和严格的监督来保障信息安全。

为了实现这一目标，需要制定详细的管理规程和台账登记表，以确保各个环节的透明度和可追踪性。每个环节都需要执行签收、登记和审批等标准手续，从而形成一个连贯、可验证的管理链。这样的管理不仅提高了信息安全性，还增强了责任人的责任感和任务的可执行性，确保每一步操作都符合规定和预期目标。此外，这种严格的管理机制也有助于及时发现并纠正潜在的安全漏洞，从而保护敏感信息免受未授权访问或损坏。

监管计算机输出端口、防止网络传送文件和加密存储信息是载体管理中的重要环节，它们共同构成信息安全防护的多个层面。

1. 监管计算机输出端口

监管计算机输出端口是确保信息安全的重要一环。通过有效控制计算机的输出端口，可以有效防止非授权用户利用各种手段将文件从计算机中复制出去。具体措施包括限制移动介质的使用，禁止非授权用户使用 USB 闪存盘、移动硬盘等设备，从而防止未经授权的文件拷贝行为。此外，还需要禁止未经授权的刻录机使用，以防止通过刻录光盘等方式进行文件的复制。另外，对于通信端口也需要进行严格管理，包括禁止使用红外、蓝牙等通信端口，以防止通过这些通信方式将文件传输到其他信息终端，如掌上电脑、手机等设备。

2. 防止网络传送文件

确保信息安全的关键之一是防止通过网络传送文件。为了做到这一点，需要对计算机网络通信内容进行审计，及时发现和阻止潜在的风险行为。具体措施包括检查是否有邮件传送文件的行为，及时监控邮件传输内容，确保不会泄露信息。此外，还需要检查是否有通过文件传输协议(FTP)传送文件，以及通过木马或其他具有文件传送功能的恶意软件传送文件的情况，防止涉密文件泄露。

3. 加密存储信息

光盘等外部启动手段的使用确实可以规避系统的安全监控功能，使得对移动介质的控制失效，从而可能导致涉密数据被黑客任意拷贝的风险。为了最大程度地防止信息泄露，一种有效的方法是对文件进行加密处理。

在实施文件加密时，应选择经过认证的加密算法和加密工具，以确保加密的有效性和安全性。未经认证的加密算法和工具可能存在漏洞，无法提供足够的保护。例如，传统的 Word 口令加密方法虽然便捷，但目前已有技术可以在极短时间内破解任意长度的 Word 口令，因此不建议作为涉密文件的主要加密手段。

3.5　设　备　安　全

3.5.1　办公自动化设备的安全脆弱性

办公自动化是指办公过程或办公系统的自动化，它是应用先进的科学技术，由办公人员利用现代化的办公设备快速地处理日常办公事务，有效地管理、加工和使用信息的人机信息处理系统。

常用的办公自动化设备主要包括：台式计算机、笔记本电脑、智能终端等信息处理设备；打印机、复印机、扫描仪等信息复制设备；U 盘、移动硬盘、光盘等移动存储介质；电话机、手机、传真机等通信设备；照相机、摄像机、录音笔、投影仪、音响设备等音视频设备；键盘、鼠标、碎纸机等办公外围设备。

IEEE(电气与电子工程师学会)将办公设备受到的信息安全威胁分为以下六类：

(1) 办公设备使用功能的威胁，如死机或没有反应、所有可利用的接口被占用、合理的任务被阻止、机械损害等；

(2) 办公设备物理资源的威胁，如无意的或未被授权的使用、耗材被从设备上取出等；

(3) 办公设备用户数据的威胁，如来自数据接口的被动和主动攻击、文件被窃取或非法修改等；

(4) 办公设备安全数据的威胁，如未被授权的访问用户或设备使用证书、设备配置、设备软件、设备安全日志等；

(5) 办公设备软件的威胁，如机器固件或应用软件被非法修改；

(6) 办公设备环境的威胁，如网络攻击、拒绝服务攻击等。

1. 计算机安全脆弱性及风险

计算机是核心办公自动化设备。工作人员对计算机的依赖程度之高，以至于离开了计算机，几乎可以说是"寸步难行"。从最早的 Windows 98，到 Windows XP、Windows 10，在很长一段时期内，Intel 加 Windows 的组合几乎已经成为办公信息处理设备的唯一选择。通过对这类计算机的结构组成和操作系统进行分析，存在的信息安全风险主要来源于底层技术的非国产自主可控。计算机中的芯片等核心部件依靠进口，存在被安装非法部件或植入恶意代码的可能，安全性和可靠性不可控；操作系统缺乏自主知识产权也可能出现被监控、被劫持、被病毒木马攻击、漏洞风险、证书加密风险等安全隐患。

自由软件基金会指出，所有现代 Intel 处理器平台都内置了一个低功耗子系统，该子系统能够完全访问和控制计算机，包括读取打开的文件、检查所有运行的程序、跟踪按键和鼠标移动，甚至捕捉屏幕截图。谷歌披露了两组严重的芯片漏洞，被称为"史上最严重的安全漏洞"，分别是"熔断"和"幽灵"。研究发现，这两组芯片漏洞的根源在于芯片厂商为长期提高处理器执行效率而引入的两个特性：乱序执行和推测执行。这些特性使得"熔断"和"幽灵"漏洞能够利用芯片硬件层面的乱序执行机制的缺陷，允许低权限的恶意访问者突破内存隔离，发动侧信道攻击。这些漏洞使得恶意程序能够从其他程序的内存空间中窃取信息，包括密码、账户信息、加密密钥以及其他理论上存储于内存中的敏感信息，从而可能导致这些信息外泄。

2. 常用办公设备安全脆弱性及风险

通过对设备组成和工作原理进行分析，常用办公设备存在的信息安全风险如下：

首先，办公设备普遍配备了多种通信接口，例如 USB、RJ-45、Wi-Fi 和蓝牙。这些接口虽然增强了设备的功能性，但也为非授权用户窃取数据提供更多途径。因此，计算机与设备之间传输的数据存在被监听或劫持的风险。

其次，办公设备内部通常装有存储器。当设备接收到来自计算机的任务时，它会先将相关数据存储起来，然后才将其排入作业队列。而有些数据即使在设备断电重启后也不会被清除，这种工作机制可能导致数据被非法读取、复现，甚至被非法窃取。

最后，硒鼓作为打印机和复印机的核心部件，负责接收激光扫描模块发射的激光图像数据，并在静电高压的配合下将图像转移到纸张上，实现打印输出。由于存在"静电残留"现象，已完成的打印、复印作业有可能被恢复或进行二次打印，从而增加了信息泄露的风险。

1) 打印机

由于打印机与计算机直接连接，因此是除计算机之外受窃密攻击最多的办公设备。受到攻击的打印机轻者会影响打印机基本功能，无法完成打印任务，严重者打印内容可能遭到截获和篡改，更为严重的情况是打印机本身可能成为网络被攻入的突破口，借助打印语言的控制命令，攻击者可访问打印机的内存或文件系统。

2011 年 11 月，哥伦比亚大学的研究人员揭露了一个令人关注的现象：他们发现部分惠普激光打印机具备"远程固件更新"功能，这一功能可能被黑客利用来安装恶意软件，从而获得对打印机的控制权。这不仅使得黑客能够窃取敏感信息、发起拒绝服务攻击，而且在极端情况下，还可能导致打印机的定影仪因不断加热而起火。2013 年，进一步的研究揭示了惠普激光打印机中存在的 HP-RFIJ 远程固件升级漏洞。这个漏洞允许黑客通过打印含有特殊命令的文档来隐蔽地修改打印机的固件。利用 HP-RFIJ 漏洞，黑客可以在打印 Microsoft Word、Adobe PostScript 等文档时，向打印机中注入恶意命令并发送修改后的固件，最终获得对打印机的控制权。2016 年 3 月，一个自称为"Weev"的黑客通过入侵数千台联网打印机，打印并传播了种族主义和反犹太人的传单，这一事件进一步凸显了打印机安全问题的严重性。2017 年 2 月，英国一名高中生黑客成功劫持了 15 万台网络打印机，并利用它们打印了 ASCII 艺术描绘的机器人等流氓信息，这一行为不仅造成了混乱，也再次敲响了打印机信息安全的警钟。

国外对打印机安全的研究起步较早，而国内的相关研究则相对较晚，但打印机安全问题已经引起了国内相关部门的重视。随着技术的发展，打印机技术发展迅速，根据技术出现的时间先后和功能差异，我们可以将打印机分为传统打印机、网络打印机和 3D 打印机三大类。

(1) 传统打印机。

传统打印机的安全性问题主要集中在硒鼓这一核心部件上，硒鼓作为感光鼓，其内部残留的电荷和结构特点使其成为黑客窃取信息的潜在渠道。以下是几种打印机可能遭受的攻击手段及其防范措施：

硒鼓残留电荷窃取信息：黑客可以利用硒鼓内残留的电荷，通过声波感应装置窃取打印信息。在这种情况下，控制电路板如果具备存储功能，攻击者可能通过读取芯片存储区域的字节信息来还原之前传输的资料。为了增强安全性，可以采取加密存储数据、实施物理安全措施以防止未经授权的访问，并定期更新硒鼓内的控制电路板，以应对新的安全威胁和漏洞。

硒鼓内植入微型芯片电路板：黑客可能在硒鼓内植入微型芯片电路板，记录每次工作时的激光扫描信息，甚至添加无线发射模块将信息传送出去。此外，黑客还可以在硒鼓上安装光电扫描器，将打印文稿的内容扫描并存储在窃密装置的存储器中。为了防范这种情况，需要加强对打印机的物理安全管理，避免未经授权的人员对其进行改装。

操作不当导致信息泄露：操作不当可能会导致信息泄露，例如在打印机缺纸时未能及时处理，使得上次打印的信息容易被他人获取。因此，定期检查和维护设备，确保其能够及时响应打印任务，是防范信息泄露的重要步骤。

打印机改装成隐形监控设备：利用打印机的内部空间和电源，黑客可以将其改装成隐形手机基站，变身为监控设备。这种技术变种类似于美国 Hartis 公司的便携式监听定位设备 StingRay，实质上是一种"伪基站"。通过这种改装，打印机可以模拟移动网络信号，欺骗附近的手机连接到其网络，从而收集通信数据或定位信息。这种隐形监控设备可能被用于监视特定区域的通信活动，而且很难被察觉，因为它看起来和正常的打印机没有太大区别。要防范这种情况，需要加强对打印机的物理安全管理，确保只有授权人员能够接触和维护设备。

(2) 网络打印机。

网络打印机的发展突破了传统打印机的局限，实现了远程分布式打印，显著提高了打印效率。然而，作为网络中的关键节点，网络打印机在通过网络传输打印作业和管理打印机时，也暴露出了安全风险。黑客可以利用设备或协议的漏洞对打印机发起攻击。

网络打印机面临的常见攻击技术包括拒绝服务攻击、保护绕过和代码注入攻击等。黑客对打印机的攻击途径主要有以下三种：

本地攻击：攻击者通过物理接触打印机，直接进行攻击或窃取信息。

网络攻击：攻击者通过 TCP/IP 网络连接到打印机，发送恶意文档以实施攻击。

Web 攻击：利用跨站打印攻击技术，向用户浏览器发送 JavaScript 代码，实现基于 Web 的攻击。

即使打印机被限制在内网使用，也不意味着其安全性得到了保障。黑客可以利用跨域资源共享(CORS)欺诈和跨站点打印(XSP)的组合手段，发现内网打印机并进行欺骗性访问。入侵打印机的常见方法是利用打印语言的漏洞，这些漏洞可能由于设计上的缺陷而长期存在，且在许多打印机上都得到了支持。

(3) 3D 打印机。

3D 打印机作为制造业的新兴技术，其安全性同样不容忽视。如果 3D 打印机遭受黑客攻击或病毒感染，黑客可能会对打印程序进行篡改，向打印项目中引入缺陷。这些缺陷可能导致打印出的物体在使用中发生故障，尤其是当这些部件是关键组件时，缺陷可能引发严重的安全问题。

为了增强 3D 打印机的安全性，安全专家提出了一些有效的防御策略。其中一种简单而有效的方法是利用"距离"作为防御手段。研究表明，攻击者与打印机之间的距离对打印精度有显著影响。例如，当攻击者距离打印机 30 cm 时，打印精度会下降到 87%；而当距离增加到 40 cm 时，打印准确率进一步降低至 66%。

除了利用距离限制来提高安全性外，还可以采取以下网络安全措施来保护 3D 打印机：

固件和软件更新：定期更新 3D 打印机的固件和软件，以修补已知的安全漏洞。

网络防火墙和入侵检测系统：配置网络防火墙和入侵检测系统，以监控和阻止潜在的网络攻击。

访问控制策略：实施严格的访问控制策略，确保只有授权用户才能操作 3D 打印机。

2) 复印机

当前数字复印机的安全隐患主要源于两个核心问题：内置硬盘和网络共享功能。美国一家电视台的记者团队曾以 300 美元购买了三台二手复印机进行调查，结果揭示了惊人的安全漏洞。他们发现，只需通过一个免费的软件，就能从第一台复印机的硬盘中下载超过 4 万页的文件。在第二台复印机的硬盘上，他们找到了包含医疗记录和 95 页个人工资单的数据。第三台复印机的硬盘则存有大量保险公司客户的详细信息。

数字复印机的安全风险主要来自以下几个方面：

硬盘的更换与复制：在复印机的维护过程中，硬盘可能被替换或复制，导致数据泄露。

硬盘的不当处理：复印机报废后，如果硬盘未得到妥善销毁，其中存储的数据可能会被非法获取。

局域网内的访问权限管理：如果局域网内的访问权限管理不严格，员工可能会非法下载复印机硬盘中保存的文件，造成数据泄露。

互联网连接风险：若复印机连接到互联网，攻击者可能通过网络入侵并非法获取硬盘中的敏感信息。

操作面板的安全漏洞：用户可能通过操作面板将文件发送至计算机，导致数据意外泄露。

USB 接口和可移动存储设备的风险：数据通过 USB 接口或其他可移动存储设备被非法拷贝，增加了泄密的风险。

3) 碎纸机

随着碎纸机技术的不断进步，确保信息安全的任务变得更加复杂和充满挑战。一种可能的解决方案是在碎纸机中集成扫描仪，以便在文件被粉碎的同时，将扫描到的信息实时发送到指定位置进行记录。这样，即使文件经过碎纸机处理，相关信息仍然可以被捕获和记录，从而增强了信息安全的可追踪性。

此外，随着计算机技术的飞速发展，国外已经出现了能够对碎纸后的纸张颗粒进行拼接和内容恢复的技术。这些技术通过颜色分类、笔迹分析、折痕识别和纹理匹配等方法，对碎纸颗粒进行细致的分类，然后利用交互性分析软件找出相匹配的碎纸颗粒，最终通过多台并行工作的计算机完成碎纸颗粒的拼接。目前，这些先进技术已经能够还原大约 70% 的文件内容。

3. 通信设备安全脆弱性及风险

通信设备在机关单位的日常工作中扮演着至关重要的角色。无论是手机、固定电话还是传真机，都能显著减少工作人员之间的沟通距离，提升工作效率，并加速信息的传递与交流。

尽管通信设备给人们工作带来了极大的便利，但如果使用不当，也可能引发严重的安全问题。例如，手机通信可能面临信息泄露、网络攻击和通话内容被窃听的风险；固定电话可能被监听；传真机在传输文件时也可能因为安全漏洞而导致文件泄露。

黑客可以利用设备或通信协议的漏洞，通过接触式或非接触式手段截获、侦听和窃取通信信息。这种攻击可能导致敏感信息泄露，对个人隐私和商业机密构成严重威胁。除了截取通信内容，黑客还可以利用手机定位技术获取用户的位置信息和行动轨迹，这不仅对个人隐私构成威胁，也可能对企业乃至国家安全带来风险。信息泄露可能导致身份盗用、监视跟踪等问题，对个人和组织都可能造成严重影响。此外，黑客还可以通过在智能手机等通信设备上安装木马病毒，将设备转变为窃听器等监控工具，实现远程监控和窃听通话。

4. 音视频设备安全脆弱性及风险

音视频设备因其丰富的通信接口和大容量存储功能，往往容易成为非法读取数据和被篡改的目标。黑客可能会利用这些设备的漏洞来获取敏感信息，从而引发严重的安全问题。

投影仪尤其容易受到黑客攻击，因为它们通常显示的是非加密的终端信息。黑客攻击投影仪的方式主要有两种：一是通过恶意软件劫持投影仪，以获取其显示的内容；二是通过硬件木马植入技术，对设备进行硬件改动。这种改动可能包括增加设备的电磁辐射或直接植入无线信号发射装置，使得投影内容能够被无线发射出去，从而导致机密信息泄露。

5. 办公外围设备安全脆弱性及风险

键盘、鼠标和碎纸机等外围设备是办公自动化中不可或缺的一部分，但它们同样面临着信息安全风险。这些风险主要来自设备被改造成信息监听和截获工具的可能性。黑客可以利用这些改造后的设备监控用户的输入信息，包括敏感的按键记录，进而窃取用户的私人信息。

2017 年 5 月，瑞典网络安全公司 Modzero 的研究人员发现惠普公司的音频驱动文件中存在一个隐蔽的漏洞。这个漏洞不仅能够监控用户的按键记录，还会将这些记录存储在可读取的文件中。恶意软件，如病毒和木马，可以利用这一漏洞窃取用户的私人信息，从而构成严重的安全威胁。

3.5.2　办公自动化设备使用管理风险

1. 供应链风险

办公自动化设备在制造、装箱和运输过程中可能面临被恶意设置后门、嵌入病毒或安装窃密装置的风险，这给信息安全保密带来了重大隐患。全球范围内类似事件频发，促使各国政府对办公自动化设备的采购来源给予了高度关注。为应对这一挑战，各国政府通常会通过制定政府采购相关条款来限制和保护信息安全。这些条款可能包括对供应商的严格审查和认证，确保其产品满足特定的安全标准和规范。同时，政府还可能要求供应商提供设备生产过程的透明度和安全保障措施，以确保设备在生产过程中未遭受任何恶意篡改或植入。

除了政府层面的采购规范，重要单位也应加强对办公自动化设备的安全审查和监控。这包括在设备到达前进行彻底的安全检查，以确保设备未被篡改或植入恶意程序。此外，定期对设备进行安全评估和漏洞扫描，及时更新设备的防护措施，也是保障信息安全的关键步骤。

2. 使用风险

办公自动化设备的放置场所如果缺乏有效控制，将带来严重的安全隐患，因为这可能导致设备暴露于未经授权的访问风险之下。此外，若设备的访问控制策略不明确或执行不严格，也会增加安全风险，使得未授权人员能够轻易接触到设备及其处理的敏感信息。在多人共用的计算机环境中，若缺少明确的用户权限设置和严格的访问控制，将会导致安全漏洞。例如，若未配置禁用文件夹共享的访问策略，所有计算机用户都能自由浏览和复制存储在计算机上的文件，从而增加信息泄露的风险。

办公自动化设备的交叉使用和与其他网络的互联也是一个关键挑战，因为这会增加设备面临的安全风险。特别是在未封闭办公自动化设备的闲置端口和缺乏相应监控软件的情况下，设备可能会被用于违规外联。未封闭的闲置端口意味着未经授权的外部设备可以轻易连接到办公自动化设备上，可能导致恶意软件的传播或未经授权的数据访问。同时，缺乏监控软件意味着管理者无法及时察觉和阻止这类行为，进一步放大了安全风险。另一个重要问题是设备可能会被用于违规外联，例如通过插入未经审查的 U 盘到不同的计算机上。这种行为可能会引入恶意软件、病毒或未经授权的数据，从而对办公自动化设备和整个网络造成严重威胁。此外，办公自动化设备还存在电磁泄漏的问题，这可能导致信息安全风险，恶意攻击者可以利用相应的接收设备来捕获并还原出这些信息。

3. 维修风险

办公自动化设备，如打印机和复印机，通常配备有存储功能，尤其是那些拥有大容量存储设施的设备。这使得这些设备中存储了大量敏感信息，包括公司机密文件和个人隐私资料。然而，当这些设备发生故障需要维修时，如果维修人员的维护工作不够谨慎，就可能对存储在设备内的信息安全构成直接威胁。为了降低这些风险，重要的单位需要采取严格的措施来保护办公自动化设备中存储的信息。这包括确保维修人员签署保密协议、实施严格的数据访问控制、监控维修过程以防止数据泄露，以及在设备维修前后进行数据安全审计。此外，对设备进行定期的安全检查和维护，以及在设备报废时彻底清除所有存储的数据，也是保护信息安全的重要步骤。

4. 报废销毁风险

在重要单位处理办公自动化设备的报废阶段，信息安全风险同样不容忽视。如果设备在废弃处理过程中未能严格执行清点、审批、登记等必要手续，并且没有交由指定的销毁机构进行安全销毁，那么之前所有的安全防护工作可能会前功尽弃。具体来说，办公自动化设备在废弃阶段如果处理不当，可能会带来以下安全风险：

数据泄露风险：未经安全处理的设备可能仍残留大量敏感信息，例如公司文件和客户资料。如果这些信息未经安全销毁就被他人获取，将引发严重的数据泄露问题。

安全漏洞风险：废弃设备若未彻底清理，可能仍携带存储在内部的安全漏洞，为恶意攻击者提供入侵的机会，从而威胁到单位信息系统的安全。

法律责任风险：根据相关法律法规，单位可能需要对未妥善处理的设备导致的信息泄露承担法律责任，这可能包括罚款、行政处罚甚至民事诉讼。

3.5.3 办公自动化设备安全防护

1. 身份鉴别

身份鉴别是确认用户所声称的身份与其真实身份是否相符的过程。通常，身份鉴别基于三类信息进行：知识因素(用户已知的信息，如口令)、所有权因素(用户拥有的物品，如密码本、密码卡、动态密码生成器、U 盾等)、特征因素(用户生物特征，如指纹、虹膜、笔迹、语音等)。这些信息只有用户和系统知道，用户通过提供其中一种信息使系统确信其合法身份。常见的身份鉴别方式如下：

(1) 基于口令的鉴别：这是一种常见的技术，用户通过输入正确的口令进行身份验证。

(2) 双因子身份鉴别：结合口令认证和硬件认证，例如用户 PIN 码和 USB key，适用于安全性要求较高的场景。

(3) 生物特征识别认证：利用人体独特的生理和行为特征，通过模式识别和图像处理进行身份识别。

身份鉴别的目的是保障系统安全，防止未经授权的访问。因此，在设计和实施身份鉴别机制时，需要考虑安全性、可靠性和用户友好性等因素，以确保系统能够有效地鉴别用户身份。

2. 访问控制

访问控制策略是用于管理和控制主体对客体访问的一系列规则。制定和实施访问控制安全策略是围绕主体、客体和安全控制规则之间的关系展开的。

访问控制表是以客体(如文件)为中心建立的访问权限表。其主要优点在于实现简单且对系统性能影响较小。通过访问控制表，可以轻松查看某一主体对特定客体的访问权限。

访问控制矩阵则以矩阵形式表示访问控制规则和授权用户权限的方法。矩阵明确指定了每个主体对哪些客体具有哪些访问权限，以及对每个客体，有哪些主体可以访问它。这种关联关系的描述形成了访问控制矩阵，提供了对系统中访问权限的全面了解。

访问控制能力列表是以用户为中心建立的访问权限表。这种列表记录了每个用户对不同客体的访问能力，帮助管理对客体的访问权限。

访问控制安全标签列表则用于限定用户对客体目标访问的安全属性集合。这些标签可以包括各种安全属性，如保密级别、可信度等，以确保用户仅能访问其具备相应安全属性的客体。

在实际应用中，不同的访问控制策略和方法结合使用，可以有效管理和保护系统资源，确保仅授权用户能够访问合适的客体，并维护系统的安全性和完整性。

3. 安全审计

安全审计是一项关键的过程，它通过对事件进行检测、记录和分析，以协助判断系统是否存在安全违规或资源误用的情况，并评估系统的安全策略是否合适。对办公自动化设备的安全审计涉及多个方面，包括基本信息审计、文件与目录操作审计、账户审计、外部设备使用审计、主机网络访问行为审计以及主机拨号连接审计等。

(1) 基本信息审计除了审计操作系统版本号、补丁版本号、主机名称和 IP 地址等信息外，还应记录重要配置信息的修改情况，以便及时发现潜在的安全风险。

(2) 文件与目录操作审计则关注重要目录、文件和敏感数据的操作情况，以确保未经授权的访问不会发生。

(3) 账户审计涉及对主机或设备上账户使用情况的审计，包括用户的登录、权限变更等操作，以及账户的激活和禁用情况。

(4) 外部设备使用审计跟踪外部设备如打印机、移动硬盘和 USB 驱动等的使用情况，记录相关操作的详细信息，包括使用时间、用户身份等。

(5) 主机网络访问行为审计是监控主机或设备的网络连接情况，记录连接的时间、源 IP 地址、目的 IP 地址和连接端口等信息，以便及时识别异常活动。

(6) 主机拨号连接审计则关注主机尝试进行拨号连接的行为，记录相关细节，如连接时间、拨号号码和操作人员身份等。

4. 电磁泄漏发射防护

电磁泄漏发射防护对于涉密办公自动化设备至关重要，这些设备在工作时会产生大量的电磁辐射泄漏和传导泄漏，潜在地携带着正在处理的敏感信息。攻击者可以利用相应的接收设备来截取并还原计算机屏幕上的信息。在办公环境中，若安全距离不足或电磁屏蔽条件不达标，可采用视频信号干扰器进行防护。

通常，视频信号干扰器采用多重方式对计算机的视频信号进行保护，包括空间乱数加密、相关干扰和噪声混淆覆盖等。① 空间乱数加密通过在视频信号中引入随机干扰，使截取者难以还原出清晰的图像。② 相关干扰则通过在视频信号中注入干扰信号，干扰截取者的解码过程，达到信息保护的目的。③ 噪声混淆覆盖则通过在信号中添加额外的噪声，使得截取到的信息变得模糊不清，难以解读。

除了技术手段外，合理设置办公环境，采用合格的电磁屏蔽设备，也是防范电磁泄漏的重要措施。

5. 行为监管

利用信息化手段对办公自动化设备的运行状态和工作人员使用情况进行综合监控是一项重要的安全措施。① 需要结合标准和制度要求及实际业务场景，制订相关的监控规则，以定义异常设备状态和异常使用行为，并形成知识库及规则库，以便系统能够自动识别潜在的安全风险。② 在监控过程中，采集和汇聚办公自动化设备的运行数据和工作人员的使用数据是至关重要的。通过将这些数据进行比对和关联分析，可以及时发现异常模式和异常行为。例如，异常的设备运行时间、频繁登录的账号、异常的文件访问行为等。一旦发现可疑事件，系统应当及时进行告警，并进行事前干预、事中监督和事后分析，以降低信息安全事件发生的可能性。③ 除了监控和分析，定期的安全培训和意识提升也是至关重要的。通过向员工传达信息安全意识，让他们了解安全政策和操作规范，可以有效地减少安全漏洞和风险。

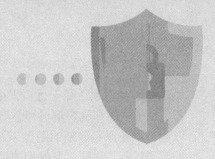

第 4 章　通信系统安全

从古至今，人类的社会活动总离不开信息的传递和交换，古代的烽火报警、飞鸽传书以及现代的书信、电报、电话、手机等，都是信息传递和交流的手段。通信技术和通信产业是 20 世纪 80 年代以来发展最快的领域之一。通信技术的不断发展，使得通信手段越来越丰富，也使得通信系统逐渐成为人们生活和工作的必需品，这无形中也增加了信息外泄的漏洞和风险。本章首先从通信系统使用的传输介质出发，分别从有线通信、无线通信来阐述通信系统的安全风险及相应的防护措施。其次从通信系统的终端出发，介绍手机在日常工作和生活中存在的安全风险及防护措施。

4.1　基 础 知 识

4.1.1　通信系统的概念

通信是指人与人或人与自然之间通过某种媒介进行信息交流与传递的过程，而通信系统是指完成通信的技术系统的总称。典型的通信系统主要包括信息源、通信终端(发送设备、接收设备)、通信信道、信息宿等。

信息源是指产生信息的人、物、机构等，简称为信源。信息源不仅包括携带或产生信息的人，也包括各种设备；不仅包括传统印刷型文献资料，也包括现代电子图书、报刊；不仅包括各种信息存储和信息传递机构，也包括各种信息生产机构。

通信终端包括信息发送设备和信息接收设备。其中发送设备用于将信息源产生的信息变换成适合在信道中传输的信号，并放置在通信信道上进行传输；接收设备用于接收通信信道上传输的信号，并完成发送设备的反变换。常见的通信终端有电话机、手机、传真机等。

通信信道是指传输信号的空间或实体，用于将信息源所发出的信息传输至信息宿。通信信道既可以是有形的，也可以是无形的。常见的通信媒介有电缆、光纤、大气(自由空间)等。

信息宿是与信息源相对的概念，是信息动态运行一个周期的最终环节，主要用于接收信息，并选择有用的部分加以利用。信息宿可以把信息资源转化为人类的巨大物质财富，还能够在信息的再生产过程中，起到巨大的反馈作用。

此外，在某些通信系统中，信息宿还包括用于信息转发的交换设备。交换设备是指信息在通信媒介传输过程中的转接设备，既可以用于将一个通信媒介传来的信息转接到另外一个通信媒介，也可以用于在同一媒介传输过程中对信息进行放大转发。常见的交换设备有基站、路由器等。

4.1.2 通信系统的分类

通信系统作为现代信息社会的关键基础设施，其多样化的形态和功能支撑着全球的信息交流与传递。根据不同的分类标准，通信系统展现出丰富的类型和特点。

1. 按传输介质分类

按照物理传输介质不同，通信系统分为以下两类：

(1) 有线通信系统：这类系统依赖于物理介质进行信息传输，包括但不限于光纤、电缆等。光纤通信以其高速率、远距离传输和抗干扰性强的特点，成为现代通信网络的支柱。电缆通信则因其成熟的技术和广泛的应用基础，在特定领域保持着重要地位。

(2) 无线通信系统：这类系统不依赖于物理介质，而是通过空气或其他传输媒介传递信号。无线通信系统包括水声通信、光通信(如自由空间光通信 FSO)等，它们在特定环境下提供了有线通信难以实现的灵活性和便捷性。

2. 按通信业务分类

按照通信业务不同，通信系统分为以下五类：

(1) 电报通信系统：传统上用于传输文字信息，尽管在数字化时代已逐渐被其他系统取代，但仍在某些特定场合发挥着作用。

(2) 电话通信系统：包括固定电话和 VoIP 等，是人们日常生活中不可或缺的通信方式，提供了便捷的语音交流途径。

(3) 移动通信系统：随着移动技术的飞速发展，从 2G 到 5G，移动通信系统已成为现代社会普及率最高的通信方式之一，可支持语音、数据和多媒体信息的移动传输。

(4) 集群通信系统：主要为特定组织或团体提供专用通信服务，如公安、消防等，强调通信的可靠性和效率。

(5) 卫星通信系统：通过地球轨道上的卫星进行信息传输，覆盖范围广泛，尤其适用于偏远地区和跨国通信。

3. 按终端分类

按照通信终端用途不同，通信系统分为以下两类：

(1) 计算机网络系统：包括局域网、广域网等，支撑着数据的高速传输和互联网服务，是信息时代办公、学习、娱乐的基石。

(2) 物联网(IoT)：通过嵌入式系统和传感器网络，实现物与物、人与物之间的智能互联，推动着智能城市、智能家居等领域的发展。

4.2   有线通信系统安全

有线通信是指通过有形的传输媒介，如电线、双绞线、同轴电缆、光纤等传输信息的方式。而有线通信系统是指完成有线通信的技术系统的总称，典型的系统有公共服务电话网络、有线电视网络等。局域网、广域网乃至互联网，从传输信息的角度来看也可视为有线通信网络。固定电话网凭借其自身的稳定性，在日常工作和生活中仍然有着较高的使用率，尤其是在政府机关单位大量使用的有线通信服务就特指固定电话网系统，即公共交换电话网。本节重点介绍固定电话网通信系统存在的安全隐患及相应的保护措施。

4.2.1   固定电话网基础知识

1. 固定电话网的组成

根据用途的不同，固定电话网(简称固话网)可以分为公用电话网和专用电话网。公用电话网是指服务于公众用户，由电信运营商经营的电话网，例如普通民众使用的家用电话网；专用电话网是指服务于某些单位、行业，由特殊部门经营的电话网，例如用于传输重要信息的专用加密电话网。

公用电话网也称为公用电话交换网(Public Switched Telephone Network，PSTN)，包括本地电话网、国内长途网和国际长途网三个部分。公用电话网和专用电话网的结构基本相同，只是专用电话网不对公众开放业务。

2. 固定电话网的特点

固定电话网建立在电路交换的基础上，基本上是一个封闭的网络和业务体系，大多数业务是点对点服务，用户的行为基本可控。其主要组成有交换设备(包括交换和信令设备)、传输设备(包括传输节点设备和传输线路)和终端设备(包括用户线路和用户话机)等。

从信息安全的角度看，固定电话网在技术与管理上有如下特点：

(1) 终端简单，侵入主控系统困难。在固话网中，几乎所有的控制都由网络完成，终端电话机只能发出摘机、挂机、拨号等和自身状态相关的非常简单的控制消息，而交换机的主控系统和语音通道是分离的，终端无法轻易将控制指令通过语音通道侵入到交换机的主控系统。固话网的核心信令系统理论上是一个受到严格保护的网络，一般能够防止外部访问，普通用户终端难以修改信令消息的内容。因此，通过终端侵入主控或信令系统，以达到修改通信内容的目的通常是困难的。

(2) 以有线传输为主，难以从空中窃听。从传输方式来看，固话网的传输路线主要是有线传输，这和移动通信网中用户终端和基站间采用无线传输方式不同，难以从空中窃听。

(3) 基于电路交换，一般能保证用户通话信息的完整性。从交换方式来看，固话网的语音数据传输方式是基于电路交换的，这与基于数据包交换的互联网不同，固话网通信过程中语音的传送基本是实时的，攻击者篡改电话用户的通话内容几乎没有可能，这就基本保证了电话用户间通话信息的完整性。

4.2.2　固定电话网安全隐患

固定电话网中主要的安全风险来自安装的窃听器、设备后门、电磁泄漏等。

1. 电话被安装窃听器，窃听通话内容

在电话上安装窃听器是窃听电话用得比较多的窃密手段。这种窃听器体积较小，一般安装在电话的话筒或机身上。通常情况下，窃听器的电源取自电话线，并以电话线为天线，当用户拿起话机通话时，它就将通话内容通过无线或有线方式传输给接收机。比如，1972年 6 月 17 日，美国共和党尼克松总统为刺探民主党的竞选策略，在华盛顿水门大厦民主党全国委员会的电话里安装了窃听器,事后被揭发，从而导致美国历史上第一次的总统辞职，即水门事件。

2. 电话式电话线自身存在缺陷，普通电话变成"窃听器"

研究发现，在外界声音激励下，处在挂机状态的普通电话会不断通过电话线发射出微弱的信号，经过一些技术处理，就可以把这些信号还原成声音。这时，普通电话就成了一部"窃听器"。

在架设管线时，为了节省空间，各传输线路相互靠得很近。由于各线路在通话时都会产生电磁辐射，因此很容易造成相互感应，产生串音现象，通过对串音进行一系列处理，就可以恢复出电话内容。早期有的国家利用这种特性设计制造串音窃听器，把电话串音窃听器跨接在电话线上，窃听与此线平行的其他线路里的通话声。

3. 目标电话被遥控，目标房间内谈话内容被窃听

对电话系统中的组成部件进行改装，可以实现对室内谈话的窃听。其中，较为常用的是"无限远发射器"，也叫"谐波窃听器"。窃听者可以利用另一部电话，对目标房间的电话进行遥控。当目标电话中的"无限远发射器"收到遥控信号后，便自动启动窃听器，窃听者就可以在远离目标房间的另一部电话中，窃听目标房间内的谈话内容。

4. 智能电话机被植入病毒，窃取隐私信息

当前，许多电话机都属于智能电话机，具有通讯录、历史通话记录、来电显示等功能。这些智能电话机通常需要进行软件升级，一旦在升级过程中被植入病毒，就会导致通话内容、通讯录、通话记录等大量隐私信息的泄露。

5. 系统设备被安装后门，窃听通话内容

我国固定电话网中还存在一些进口设备或采用了进口软硬件的国产设备，如果这些设备或软硬件含有"后门"，窃听者就可以利用这些"后门"获取电话网中的通话内容。据报道,国外一些电话机在出厂时嵌入了一些隐藏的窃听软件，一旦使用这些电话机进行拨号，就可以激活这些软件。

6. 电话传输线路被非法接入，搭线窃听

搭线窃听是一种从电缆中窃取信息较简单、有效的方式。只要在传输线路上的任何一处，搭线接上相应的接收或窃听设备，就能截获线路上传送的所有信息。例如，民主德国间谍情报机关研制了一种专门窃听电话的窃听设备，它由电话窃听和录音机两部分组成。该设备安装和使用都十分方便，只要把电话窃听头上两根细针的导线插入电话线内，分别与电话线接通，录音机就能录下通话声音。

7. 利用光纤传输过程中的光电转换窃取通信内容

除了电缆传输之外，光纤是当前固定电话网中另一种主要传输方式。但是，光纤的最大传输长度有限制，超过这一长度的光纤系统必须定期地放大(复制)信号，这就需要将光信号转换成电信号，然后再恢复成光信号，继续通过另一条光纤传送。完成信号转换的设备以及连接点是光纤传输系统安全的薄弱环节，因为信号可能在这一环节被搭线窃听。

8. 基于 IP 网络的攻击手段，窃听 IP 电话网中的通话信息

随着现代通信技术的发展，电话网和移动网、互联网逐渐开放互联，已经不再是一个可以封闭式管理的网络，而是一个全球化、多网相连的融合网络，并开始 IP 化。IP 电话在融合语音和数据业务的同时，也保留了电话网和 IP 网原有的风险。2017 年，Red Ballon Security 创始人 Ang Cui 发现了思科 IP 电话的漏洞，利用该漏洞，无论电话是否在使用都可以通过电话机监听所在房间的谈话。

9. 接收电话机的电磁辐射信号并还原出语音

电话终端的电磁辐射虽然能量较小，但在一定距离范围内，灵敏度高的接收机仍然可以接收并还原出语音。因此，在电话终端中的谈话内容，都是可以在远端被还原的。

10. 接收电话线的电磁辐射信号并还原出语音

语音在电话线传输过程中，会导致电话线产生微弱的电磁辐射，可辐射至几十米甚至几百米外，只要用灵敏度较高的天线和接收机就可以截获信号。通过对截获的信号进行处理，就有可能恢复出电话内容。

11. 利用光纤传输过程中的光线折射窃听通话内容

通话内容在光缆传输过程中，会因为光缆弯曲而导致部分光线发生折射，利用光学检测设备、光电转换设备等就可以对光缆进行窃听。这种方法对于正常的通信系统和通信信号都没有影响，也不需要破坏光纤，隐蔽性极强。

4.2.3　固定电话网安全防范

针对通信网络中攻击者可能采用的截收、窃听、破译、假冒、侦听等手段，固定电话网通信中可以采取加密技术、专网技术、干扰技术、电磁屏蔽技术等来防范。

1. 加密技术

加密是信息安全的核心和关键。采用加密技术可以在一定程度上提高数据传输的安全性，保证数据的完整性，这样窃取者即使截收到信号，也无法知晓信号所反映的真实内容。例如，使用加密电话机可以使发话人的话音变成加密信号在线路上传输，加密信号到达对方时，再通过加密电话机将加密信号还原成话音信号，从而避免通话内容在线路传输中被窃听。

2. 专网技术

专网技术是指将一些重要的或安全需求较高的电话和设备使用专用线路连接的技术。我国党政机关的专用电话网，军队和铁路一些部门的专用电话网就属于这种专用网。专用网与市话电信网完全隔离，一般使用地下电缆或光缆，安全程度也更高；在安全警戒范围内使用屏蔽双绞线和满足国家相关安全标准的低辐射电话机，可有效防止串音和利用电磁辐射窃听。

3. 干扰技术

干扰技术是一种专门设计用于防止局域网络中线路串扰的先进技术，尤其适用于需要通信高度保密的场合，例如涉外酒店的内部通信系统。该技术的核心在于利用白噪声发生器在通信线路上生成特定强度的白噪声。这种白噪声的巧妙应用，既保证了通话的清晰度又能有效掩盖可能的串扰信号，从而确保了通信的安全性。

4. 电磁屏蔽技术

电磁屏蔽技术是指针对电话线电磁泄漏问题采取的一些相应防护措施。比如，根据信息的重要程度，采取分区处理和隔离的措施，将要害部位划定为"红区"，在"红区"内采取更加严格的防泄漏措施。除了线路屏蔽、接线端子屏蔽和屏蔽体严格接地外，还可应用电子隐蔽法，利用干扰、跳频、压缩等技术来掩饰信息设备的工作状态和真实信息，这样即使信号被接收，也无法复原出有用信息。

5. 在固定电话网中安装电话窃听报警器

电话窃听报警器可以对装在电话系统中的窃听器发出报警信号。其基本原理是测试电话线的线电压，将其与正常的参数进行比较，如原线电压为 13 V，在分线盒前或分线盒后串接窃听器后，线电压就降至 6 V，此时，报警器产生报警信号。这种报警器除了有报警指示灯外，还有数字读出的电压表，既可以 24 小时监视电话系统，也可连接录音机将被窃听的话音记录下来。

还有一种防窃听电话，其本身带有窃听报警装置。此装置利用电话机中的电源对电话周围进行无线电波监测，一旦有无线窃听器工作，它就会发出报警信号。这种电话机外表与普通电话机一样，不影响正常通话，使用方便。

6. 在固定电话网中使用电话线路分析仪

电话线路分析仪能够测试电话系统中挂钩或脱钩时的阻抗、电压、电流，以及有无射频辐射或有无谐波窃听器。例如，在电话系统中的任何地方插入窃听器时都需要切断电话线，这时它就会发出报警信号。

7. 电话网的使用和维修要符合相关规范

固定电话的使用要遵照相关安全管理规范，以减少使用不当而导致的安全风险。另外，电话机或其他相关设备发生故障，不能正常使用时，要通过正规的流程和渠道进行采购或维修。

4.3　无线通信系统安全

利用无线电波传输信息的通信方式称为无线通信，它能将需要传送的声音、文字、图像等电信号调制在无线电磁波上经空间和地面传至对方。与有线通信相比，该方式不需要架设传输线路，通信距离远，机动性好，建立迅速；但传输质量不稳定，信号易受干扰或易被截获，易受自然因素影响，安全性差。目前我国主要的无线通信业务系统有移动通信系统、集群通信系统和卫星通信系统等。

4.3.1　移动通信系统安全

移动通信系统是指双方或至少有一方处于运动中进行信息交换的通信系统。随着移动通信技术的迅速发展，移动通信技术与互联网技术相互结合形成的移动互联网极大地满足了在任何时间、任何地点、以任何方式为用户提供通信及网络服务的需求。由于移动互联网具有网络融合化、终端智能化、应用多样化、平台开放化的特点，因而造成了其监管复杂化，这给国家安全、社会稳定和用户信息保护带来了新的安全隐患。

1. 移动通信系统架构

移动通信系统架构包括移动终端、移动网络和应用服务。

(1) 移动终端主要包括手机、Pad、上网卡等设备，其将电信服务和互联网服务聚合在一个终端设备中。移动终端不仅具备语音通话、电信服务和移动性管理能力，而且具有类似于计算机的处理能力和网络功能，以及更为强大的信息处理能力和存储空间。

(2) 移动网络主要包括无线接入网和移动核心网。其中，移动核心网是 IP 骨干信息传输网络，而无线接入网则包括 2G、3G、4G、5G 网络等。

(3) 应用服务是指移动通信系统中的应用系统，除包括移动通信系统短信、语音等业务外，还包括固定电话业务以及电子商务、即时通信等互联网业务。

2. 移动通信系统的特点

总的来说，移动通信系统具有如下特点：

(1) 通信信道开放。无线电波在空间传播，使得无线通信信道具有开放性。其优点是特别适用于区域性或全球性的广播信道通信，缺点是易于被截取(窃听)。

(2) 系统组网灵活。无线电波在空间传播，使得无线通信网的网络构成具有灵活性，适用于网络拓扑、网络节点多变的网络，如卫星网、短波网等。

(3) 通信质量易受干扰。无线电波在空间传播，使得无线通信易受外界干扰(包括自然干扰和人为干扰)。自然干扰，如太阳黑子、磁暴、电离层骚动、雷电等会对短波通信造成影响，气候、环境、地形、地物等会对超短波通信造成影响，大气折射、地面反射、雨雷云雾等会对微波通信产生影响；人为干扰包括工业性干扰、系统间干扰、核爆炸等。

3. 移动通信系统安全隐患

(1) 移动终端面临的安全问题。当前移动终端与用户紧密绑定，存储了大量用户隐私信息，因此移动终端面临的风险远大于以往。在移动终端硬件方面，无论是国外手机(如苹果、三星等)还是国内手机(如华为、小米等)，其核心芯片大部分来自国外，而这些芯片有可能存在安全漏洞或后门；在操作系统方面，当前主流的手机操作系统主要有 iOS、Android、黑莓等，这些操作系统均产自国外，也有可能存在后门或漏洞。

(2) 移动网络面临的安全问题。由于移动通信技术融合了蜂窝移动通信、Wi-Fi、卫星等通信网络，从而导致网络失控的途径增加。

① 虽然当前移动网络以 4G 网络为主，但是在接打电话时，仍有可能会回落到 2G 网络，而 2G 网络的安全性较差，容易导致语音内容被窃听。

② 当 4G 和 3G 网络信号不好的时候，系统也会自动回落到 2G 网络，因此，利用 3G／4G 干扰器就可以将手机从安全性较高的 3G／4G 网络回落到安全性较差的 2G 网络，增加了网络的安全风险。

③ 移动网络的许多核心网设备来自国外进口，而这些设备都可能存在窃密后门。

(3) 应用服务面临的安全问题。应用服务是通过移动网络向用户提供个性化服务的第三方平台，一般都存储了大量的用户隐私信息，比如实时位置、社交关系、各种密码等，在大数据技术快速发展的条件下，基于这些信息很容易推断出用户的身份、年龄、性别、职业等。

① 用户在使用各种移动应用时，可能会无意中泄露一些隐私信息，而应用服务平台可以直接获取这些信息。

② 在数字化时代，有些平台为了获取利益会将平台中的许多用户信息卖给第三方，基于大量平台信息的大数据分析也有可能获取一些重要信息。

③ 平台自身可能会泄露重要信息。由于当前服务平台的硬件设备和操作系统大部分来自国外，因此可能会通过软硬件漏洞或后门泄露重要信息。

4.3.2　集群通信系统安全

1. 集群通信系统概念

集群通信系统是一种专业化的移动通信系统，它是在移动通信系统的基础上，经过发展和改良形成的专用调度通信系统。它能够以灵活的组网方式和低廉的成本为重要会议、领导出行等重大活动提供保障，提供高效、安全的指挥调度服务。同时，它采用 PTT(Push-to-Talk，一键通)的通话方式，具有呼叫建立时间短、支持单呼与组呼等特点，在对指挥调度功能要求较高的企业、事业、政府、军队等部门都具备广阔的应用前景。

2. 集群通信系统安全隐患

集群通信系统是一种用于调度指挥的移动通信系统，主要应用于党政军、公检法、石油、电力等重要场合，经常用来传输重要或敏感的信息。现有集群通信系统中的核心网、基站、终端等设备还没有实现完全国产化，可能存在信息泄露的漏洞或后门，集群通信系统面临许多安全威胁。

(1) 通信内容被窃听：由于无线传输的特点，通信内容存在被窃听的风险，尤其在公共安全领域，通信安全问题尤为重要。

(2) 数据在传输过程中被篡改：传输的数据可能在传输过程中被第三方非法篡改，影响数据的完整性和准确性。

(3) 未授权访问：未经授权的用户可能尝试接入通信网络，进行非法监听或干扰正常通信。

(4) 通信质量和稳定性受影响：在网络拥堵或信号不佳的情况下，通信效果可能会受到影响。

(5) 设备及软件的安全更新不足：随着黑客技术的不断进步，仅靠初始的安全设置是不够的，需要定期发布固件和软件的更新，修补已知的安全漏洞。

(6) 网络隔离与监控不足：在可能的情况下，集群通信应尽量保持在专用网络上运行，与公网进行物理或者逻辑上的隔离，并对流量进行实时监控，及时发现异常行为。

3. 集群通信系统安全保护措施

为了提高集群通信系统的安全性，最大限度地防范集群通信隐患，需要采取多方面的安全防护措施：

(1) 不要利用一般集群通信系统谈论或传递重要信息。

(2) 采用国产化基础设施，减少或禁止采用国外设备，降低进口设备带来的安全风险。

(3) 建设高安全等级的加密集群通信系统，在现有宽带集群通信系统的基础上，增加"三员"管理、商密加密等功能，实现对重大活动的安全保障。

(4) 确保鉴权密钥分配系统只和真实的机构相连接。

(5) 空中接口加密，对基站和移动台间无线信道上的数据和信令进行加密保护。

(6) 使用认证机制，防止非授权用户使用网络资源。

(7) 经常对系统或终端设备进行安全检查，当出现异常现象时应及时终止。

4.3.3 卫星通信系统安全

1. 卫星通信系统基础知识

(1) 卫星通信系统。卫星通信是指利用卫星作为中继站转发微波信号，实现两个或多个地球站间的通信。近年来，卫星通信系统及其应用发展很快，在信息获取、传输和发布等方面起着十分重要的作用，对世界的政治、经济、军事、科技、文化等都产生了深远的影响。卫星通信系统的组成一般包括卫星系统、地球站系统、通信系统、终端系统和电源系统。但是卫星通信系统整体都可由两部分构成：空间节点和地面节点。

(2) 卫星通信系统的特点。卫星通信系统具有通信距离远，传输质量高，通信容量大，受地形地貌影响小，架设开通简便快捷等优点，已得到广泛应用。

通信卫星既有同步轨道卫星，也有中、低轨道运行的小型卫星。卫星通信实现动态组合，保证可靠通信，实现全天候、全天时的实时传输。通信卫星对地覆盖面积大，在带来通信距离远的优势的同时，也使得卫星通信信号更容易被截获方接收、破译。

2. 卫星通信系统安全隐患

卫星通信可能受到多种方式的攻击，这些攻击可以简单地划分为主动攻击和被动攻击。

主动攻击，是指对卫星通信系统采取诸如物理摧毁、修改、干扰、激发病毒等手段，使卫星通信失误、中断乃至瘫痪。而被动攻击，是指对卫星通信中产生的光电磁残余进行收集、分析和还原，进行窃收、窃听、窃录和破译等，目的是窃取有价值的信息，使卫星通信中的信息在"不知不觉"中源源不断地流入攻击者之手。被动攻击技术本身很难被发现，同时攻击者总是极力隐蔽和伪装自己的行为，以求长期获取重要信息。

因此，卫星通信系统面临的安全隐患主要有以下几个方面：

(1) 侦收截获。侦收截获是指利用电子侦收设备对卫星无线电通信信号进行搜索、截获、识别、测向和分析，从而获得情报信息。例如，1996 年车臣反政府武装首领杜达耶夫在一次使用卫星移动电话与外界联系时，就被俄罗斯当局根据卫星移动电话所发出的无线电波精确地定位，继而受到导弹袭击而亡。

(2) 难以监管。近年来，为提高地球的网络覆盖面，SpaceX、OneWeb 等低轨卫星通信系统得到快速发展。在这些低轨卫星通信系统中，卫星距离地面约 1000 km，不需要地面站转发就可以实现卫星与移动终端的直接通信。而国外许多低轨卫星通信系统存在运营平台部署在国外、传输网络没有明显物理边界等特性，会出现"摸不清、够不到、压不住"等问题，难以对低轨卫星通信系统进行安全监管。另外，利用低轨卫星可以直接对地面军用设施、涉密场所等进行近距离拍摄，进而导致场所信息泄露。

(3) 干扰破坏。干扰破坏是指利用电磁、红外、激光等干扰武器对卫星光电系统进行干扰和压制，使卫星光电系统中的光电设备暂时或永久失效，进而破坏信息的获取、传输和处理。其杀伤手段主要包括电子干扰、光学致盲、网络攻击和低功率定向能破坏等。

(4) 信息欺骗。信息欺骗是指采用可伪造信息的系统产生伪数据或伪指令，使对方的信息收集系统收到错误的信息，进而误导其执行指令。

3. 卫星通信系统安全保护措施

卫星通信系统的安全性与可靠性是其正常工作的前提。为了防范卫星通信系统信息泄露风险，除了要正确使用卫星通信系统外，还需要采用一些安全保护措施。

(1) 禁止利用国外卫星通信系统谈论或传递重要信息。确需利用卫星通信系统进行敏感信息传输时，需要利用国有卫星通信系统进行加密传输。

(2) 加强对卫星通信系统的监管。由于低轨卫星通信系统不需要地面站转发，我国现有的地面网络管控系统难以对其进行监管，因此，需要采用新型技术手段，对低轨卫星通信系统进行监管，及时发现其不安全行为，并实施管控。

(3) 对卫星信道进行安全保护。利用扩展频谱以及辐射屏蔽等技术将信息传输的途径隐藏或保护起来，使外来信号无法截获加密的信息。

(4) 对卫星通信系统中传输的信息进行加密、完整性检验及身份鉴别。对卫星通信系统的关键部件、软件、密钥等进行完整性检验；在卫星通信系统内对每个用户进行身份鉴别。

在卫星通信中，传输语音、图像、数据等各种信息时要对信息重新进行编码和压缩，然后加密传输，这样信息即使被截获对方也无法得知信息的真实内容。加密时要使用安全的加密算法，密钥的生产、分发、传递和管理应有一套完整、严格的措施和制度。对于卫星通信中所需的密码方案和密码算法，按照相关规定，由授权的部门和机构进行审批，经有关部门批准后才能实施。

(5) 在卫星通信中应做到"真"信息和"假"信息同时存在,即不发"真"信息时,要发些无用的"假"信息,例如白噪声产生的信息,经处理后发向信道。卫星通信中传输的各种信息,一般都要进行有效性检测,以检查信息在传输过程中是否遭到破坏、篡改、插入等,使用签名机制来保证信息的不可否认性,防止信息传输中的伪造、冒充、篡改等行为。

4.4　手机通信安全

4.4.1　常见的手机通信安全隐患

1. 利用手机软硬件"后门"远程窃听通信内容

许多手机是国外厂家生产的,国有品牌的手机虽然越来越多,但其主要技术、核心芯片和操作系统大部分是国外的,很难保证这些手机中没有安全隐患。如遥控开关手机,可以让手机在没有任何显示的情况下报告位置,不为用户所知地拨打电话、记录通话内容并将通话内容发往第三方等。如果手机处于通话状态,实际上就是一部窃听器,它会把周围的所有声音全部发往接收方。有些手机甚至可能被安装窃听装置,这种情况多见于对外交往中对方作为礼物馈赠的手机,不管机主有无通话,该手机都可以将周围的信息发送给第三方。

2. 通过向手机植入病毒获取通信内容

当前大部分手机都是智能手机,一般会自带或安装许多 APP。在安装或更新 APP 的过程中,有可能会被植入一些病毒程序,能够在用户无感知的情况下窃取用户通信内容,并发送给指定的接收者。如一款名为"x 卧底"的手机窃听软件,只要向目标手机发送一条短信并按照提示操作,就能将目标手机的通话记录、短信内容一一录下来。

3. 利用手机的电磁感应特性获取周边的重要信息

手机是一部无线电收发装置,发射的无线电波不仅携带了自身的信息,还可能把手机周围的电磁波信息(如计算机通信线上的数据、会场话筒的语音等)发射出去,造成信息泄漏。例如,在办公室内,工作人员在使用办公计算机处理重要信息时,如果同时用手机和家人通话,就会存在信息泄露的风险。因为此时手机可以看作一个二次发射机,计算机辐射泄漏发射的信息可以附载到手机信息中再次发射,经过手机的基站还可以再次发射,远远超出安全距离。

4. 通过接收无线电信号还原出通信内容

由于移动通信传输的广播特性,开放式的无线接口成为手机通信安全的薄弱环节,通过无线接口传送的信息很容易被窃听。虽然移动通信网络在安全体制上采取了一系列措施,但尚不健全。从空中接口切入系统,在不为网络和通话双方用户所知的情况下进行窃听是完全可以实现的。例如 2009 年德国工程师就破解了 GSM 加密算法,可以实现对 GSM 通话的窃听。

5. 通过攻击核心网设备或利用设备"后门"截获通信内容

空中无线电截获是一种非常严重的移动通信内容泄露隐患，但这绝不是唯一的信息截获点。移动通信网上安装的大量网络节点设备，以及网络节点间互联的地面接口链路，都可能成为截获点。据报道，早在 2004 年雅典奥运会之前，希腊高官们的手机便已开始被第三方窃听，直到 2006 年才被发现。后来经排查发现这是因为沃达丰(希腊)公司的中央服务器系统被安装了间谍软件。

6. 从互联网上进行攻击，截获连接互联网的手机的通信内容

移动通信网与计算机网络之间的连接日益紧密，如手机与计算机系统间互发短信、通过互联网进行电话通信、手机从互联网下载与上传资料等，针对这些行为，在技术上都可以从互联网上对手机信息进行截获。

7. 通过无线电测向技术获取目标手机位置

手机作为一个无线电收发装置，会不断发射无线电信号，用无线电测向技术就可以轻松地确定手机的位置，且用户毫无感觉。

8. 利用移动通信系统中的基站来获取手机位置

移动通信系统逐渐开通了移动定位业务，通过各个基站检测接收到的移动台信号参数，如信号到达时间(或时间差)、信号到达方位角、到达信号的强度，就能确定手机的位置，并可达到 $50\sim100$ m 的精度。

9. 通过网络设备获取手机位置

移动通信系统实际上是一个基于位置服务的系统，它需要随时知道移动台的确切位置。只要打开移动电话，即使没有使用，手机也必须在移动过程中定期自动向网络报告自己的位置。总之，系统要能够随时找到手机，否则就无法为用户接通电话。因此，网络设备中的信息同样可以泄露手机的位置，即使关掉手机也存在位置泄露风险，因为最后关机的位置在移动通信系统中也是有记录的。

10. 通过手机移动应用获取手机位置

一些国外进口的手机在出厂时就已经将定位芯片植入手机。美国财经网站 Quartz 的调查显示，谷歌利用 Android 手机收集用户附近通信塔的地址信息，哪怕用户完全关闭定位服务也不例外。据了解，每当用户携带 Android 手机来到一个新通信塔的信号射程之内时，手机就会收集这个通信塔的地址信息，然后在连接到 Wi-Fi 网络或开启蜂窝数据功能时将此信息发给谷歌。

许多移动应用使用过程中，即使不手动开启 GPS 定位，也会自动调用定位功能。例如，有些智能手机拍摄的照片，都含有 Exif 参数，可以调用 GPS 全球定位系统数据，在照片中记录下位置、时间等信息。当用户把原始图片发送给其他人时，所附带的信息也一并发出去了。

11. 通过伪基站获取用户手机号码

随着手机的普及以及手机号码实名制的施行，手机号码可以说是用户的第二个身份标

识。一旦手机号码泄露，会带来诸多人身和财产安全风险。利用移动通信系统中的协议漏洞，可以基于伪基站等设备获取用户手机号码。

12. 通过移动核心网数据库或移动应用服务器获取用户信息

当前，用户越来越依赖手机，手机上也承载了大量的用户信息(比如通讯录、银行卡等)，这些信息主要存放在移动核心网数据库或移动应用服务器中，对这些数据库或服务器进行攻击就可以获取用户信息。2017 年 3 月，据外媒报道，商业服务巨头邓白氏咨询公司(Dun & Bradstreet)的 52 GB 数据库遭到泄露，这套数据库包括美国数千家公司员工和政府部门的约 3380 万个电子邮件地址和其他联系信息。

13. 通过废旧手机等设备获取用户信息

通过二手手机和掌上电脑泄露个人信息已经成为一个新的隐患。工业和信息化部数据显示，我国每年手机淘汰量达到 4 亿多台，而此数字还在不断增加。据《新京报》记者调查多家手机维修商户了解到，多数二手手机在信息删除、恢复出厂设置后，依然能恢复照片、电话簿等隐私数据。2021 年 5 月 20 日，张某在朋友圈发出这条信息，"本人手机因意外导致信息泄露，请大家不要相信任何关于借款事宜。"原因是张某将自己的旧手机在二手市场卖掉，手机里的电话簿、微信、照片等隐私信息也随之被泄露。

4.4.2　如何防范手机通信导致的信息泄露

无线通信要做到安全，比有线通信更为困难。手机是平时日常生活中使用最频繁的通信工具，为了防止无线传输设备空中信号泄露，要加强对手机的管理，不要在普通移动通信终端谈话中涉及重要信息。

1. 定期进行手机"木马"和病毒查杀

与计算机病毒相比，手机病毒可以通过短信、彩信、下载文件、系统漏洞、红外、蓝牙或 Wi-Fi 无线网络等多种方式传播。相当一部分的病毒采用"木马"程序的方式隐藏在手机游戏或者手机软件中，手机用户极容易被感染。目前，智能手机主流的操作系统包括 Android、iOS 等，各种操作系统之间互不兼容，在一定程度上限制了手机病毒在手机间的快速传播。不过，手机病毒正受到恶意代码编写者的重视，可以预见其发展速度在未来会迅速提高。手机的恶意攻击和病毒的发展，也催生了手机防毒和杀毒市场。近年来，卡巴斯基、360、金山、瑞星等一批杀毒软件公司纷纷推出了相关产品。

2. 手机报废时或出国(境)前后将手机里的信息深度擦除

手机使用过程中，会保存大量的敏感数据和日志信息，对这些数据和信息进行大数据分析，很容易获得使用者的日常行为轨迹、常用联系人、生活习惯等，并可以对使用者进行画像。因此，在手机报废或使用者出国(境)前，建议将手机里的信息进行深度擦除，避免因手机报废、丢失等导致信息泄露。另外，出国期(境)间通过手机上网也可能会感染手机木马或病毒，因此还需要在回国后进行信息擦除。

3. 使用手机干扰设备

手机干扰设备可以使有效范围内的手机不能正常工作，降低因手机导致的信息泄露风险。当前，手机干扰器的实现方式主要有白噪声干扰和信令干扰两种。白噪声干扰是指在移动通信的频段内发射强干扰信号，从而阻断移动通信手机与基站的通信，该方式的电磁辐射较大，等功率条件下有效范围小。信令干扰是指通过发射空口信令协议来阻断手机与基站的通信，该方式具有电磁辐射小、阻断通信效果直接等优点。

4. 使用手机屏蔽设备

手机屏蔽的原理就是用连续的金属材料将手机包围起来，将其与外界的电磁场隔离开来，屏蔽体对来自外部和内部的电磁波均起着吸收能量、反射能量、抵消能量的作用，以达到阻断通信的目的。采用屏蔽技术的手机防护产品，在使用时不会对其他设备产生电磁兼容影响，也不会干扰重要场所之外的通信设备正常通信。目前采用屏蔽技术的产品，有电磁屏蔽室、手机屏蔽柜和手机屏蔽袋等。

5. 安装手机探测仪

在考场、重要会议等重点场所的出入口，安装手机探测仪实时监测手机携带情况，可以防止手机违规携带，降低信息泄露的风险。手机探测技术分为专门技术和通用技术两类。手机探测专门技术主要利用手机的通信特征进行探测，而手机探测通用技术是基于传统的成像技术，如 X 光、红外、T 波等。

6. 使用移动通信管控设备

在一些重要活动或重要会议中，需要实时掌握重点区域内所有手机用户的信息，并根据一定的规则对区域内手机用户的移动通信业务进行屏蔽、管控，在减少安全风险的同时保障合法用户的正常通信。因此，可以采用移动通信管控设备，获取手机号码、国际移动用户识别码、移动设备国际识别码等信息，并基于这些信息进行综合分析、可视化、预警、报警等操作。此外，还可以根据用户等级、时间、位置等维度进行实时业务管控。

7. 采用重要会议专用终端

在举行重要会议时，当前的主要做法是禁止携带手机或采用手机屏蔽技术。这虽然杜绝了由手机引起的各种安全事件，但却会使参会人员在会议期间与外界失去通信联络，影响参会人员的正常通信需求，延误参会人员响应、处理紧急事件。因此，可以采用重要会议专用终端，实现手机信息提醒功能，在确保信息安全的前提下，保障重要会议参会人员与外界的正常联络通信。另外，为了防止会议过程中会议内容的泄露，还可以采用专用会议系统设备来实现会议材料和会议管理的数字化，能够有效保障重要会议信息的安全性，防止信息泄露。

8. 使用专用加密手机

移动通信是现代工作和生活中的基本需求，从有线到无线是通信技术发展的趋势。从目前的防护技术情况来看，加密是移动通信安全必不可少的手段之一，也是最有效的信息安全手段，因此，可以通过研制和使用专用手机来保障移动通信的安全。专用加密手机应用加密技术，在使用国家有关部门批准的加密算法并对密码模块严格按照密码设备管理的情况下，既能保证通信安全，又不影响用户的正常通信，是解决手机安全通信的有效手段。

9. 建设专用加密移动通信网络

当前，电信运营商提供的公用移动通信网络虽然具有覆盖广、速率高等特点，但是由于公用移动通信网络采用的加密技术、安全协议难以满足高安全业务需求，因此，需要针对相应的业务需求，建设专用加密移动通信网络，在保证系统安全性的前提下为相关工作领域人员提供工作便利性。

10. 使用手机过程中加强个人隐私的保护

为保护个人隐私和数据安全，在使用手机过程中，可通过以下方法进行安全防护：

(1) 设置密码：为手机设置一个强密码，这是防止他人访问设备的第一道防线。

(2) 使用两步验证：开启双重验证，这样即使密码被破解，攻击者仍需要第二道验证才能访问设备。

(3) 不要轻易下载未知的应用程序：只从官方应用商店或信任的来源下载应用程序，避免下载和安装未知来源的应用。

(4) 定期更新软件：无论是操作系统还是应用程序，定期更新都可以修复潜在的安全漏洞。

(5) 小心点击链接：不要轻易点击来自陌生人或不可信来源的链接，这些链接可能会尝试安装恶意软件或窃取信息。

(6) 不使用弱 Wi-Fi：避免使用未经加密或弱密码保护的 Wi-Fi 网络，特别是在公共场所。

(7) 备份数据：定期备份手机数据，这样即使设备丢失或被盗，信息也不会落入他人之手。

(8) 保持警惕：时刻警惕可能的安全威胁，例如未知的二维码、恶意短信等，不要轻易泄露个人信息。

(9) 使用安全软件：安装防病毒软件和防火墙，以帮助检测和阻止恶意软件。

(10) 定期检查手机使用情况：查看手机的使用情况，如是否有未知的账户登录、异常的流量使用等，这都可以帮助及时发现潜在的安全问题。

第 5 章　　计算机安全与网络安全

在数字时代，计算机病毒和木马等恶意软件对信息系统安全构成了严峻的威胁。它们不仅能够破坏数据的完整性，导致系统瘫痪，还可能窃取敏感信息，引发安全事故。因此，对这些威胁的了解和防护变得尤为关键。本章深入剖析了计算机病毒和木马的工作原理、传播途径以及它们对个人和组织可能造成的影响。我们从病毒的定义入手，逐步展开到对其类型、特征和破坏力进行详细讨论。通过对典型病毒案例的分析，揭示了这些恶意软件的隐蔽性和危害性，以及它们如何利用系统漏洞进行传播和破坏。

5.1　计算机安全

5.1.1　计算机安全的定义

国际标准化组织(ISO)将计算机安全定义为："为数据处理系统和采取的技术和管理的安全保护，保护计算机硬件、软件、数据不因偶然的或恶意的原因而遭到破坏、更改、显露。"中国公安部计算机管理监察司则将其定义为："计算机安全是指计算机资产安全，即计算机信息系统资源和信息资源不受自然和人为有害因素的威胁和危害。"

在计算机安全领域中，存储数据的安全至关重要。其主要面临的威胁包括计算机病毒、非法访问、计算机电磁辐射、硬件损坏等。

计算机病毒作为一种潜藏于计算机软件中的隐蔽程序，能够像其他正常工作程序一样执行，但会破坏正常的程序和数据文件。如果是恶性病毒，则其破坏力足以导致整个计算机软件系统全面崩溃，进而造成数据彻底丢失。为有效防范病毒侵袭，关键在于强化安全管理措施，避免访问潜在风险的数据源，同时运用杀毒软件并确保其得到及时的升级与更新。

非法访问是指未经授权的用户通过盗用或伪造合法身份，非法进入计算机系统，进而擅自获取、篡改、转移或复制其中的数据。为应对这一威胁，可采取以下防范措施：一是构建完善的软件系统安全机制，如增设用户身份验证、口令保护以及权限分配等，以阻止非法用户以合法身份进入系统；二是对敏感数据进行加密处理，确保即使非法用户成功入侵系统，也无法在无密钥的情况下解读数据；三是在计算机内设置操作日志，对重要数据的读、写、修改等操作进行实时记录与监控。

计算机电磁辐射是指计算机设备在工作过程中，由于内部电子元件的电流变化和电磁场的交互作用而产生的向周围环境传播的电磁波能量。盗窃者可以通过接收计算机辐射出来的电磁波并进行复原处理，从而窃取计算机中的敏感数据。为此，计算机制造商采取了一系列防辐射措施，从芯片、电磁器件到线路板、电源、硬盘、显示器及连接线等各个层面进行全面屏蔽，以降低电磁波泄露的风险。在条件允许的情况下，还可将机房或整个办公大楼进行屏蔽处理。若无法构建屏蔽机房，则可考虑使用干扰器发出干扰信号，以干扰接收者正常接收有用信号。

计算机硬件损坏会导致计算机存储数据无法读取。防止此类事故的发生可采取以下措施：一是定期对有用数据进行备份保存，以便在机器出现故障时能够在修复后将数据恢复；二是在计算机系统中使用 RAID 技术，将数据同时存在多个硬盘上以提高数据的可靠性和容错性，在安全性要求极高的特殊场合还可以使用双主机架构，以确保一台主机出现故障时另一台主机仍能继续正常运行。

5.1.2　计算机硬件安全

计算机在使用过程中，对外部环境有一定的要求，即计算机周围的环境应保持清洁，维持适宜的温度条件以及稳定的电源电压，以保证计算机硬件可靠地运行。在计算机安全技术领域，加固技术是一项重要的技术手段，经过加固处理的计算机具备良好的抗震、防水、防化学腐蚀等能力，可以在野外全天候环境下运行。从系统安全性的角度来看，计算机的芯片和硬件设备也可能对系统安全构成威胁。例如，计算机 CPU 内部集成了运行系统的指令集，而这些指令代码通常都是保密的，其安全状况无从得知。有关资料显示，国外针对中国所使用的 CPU 可能嵌入了陷阱指令和病毒指令，并设置了激活机制及无线接收指令模块。攻击者可以利用无线代码激活 CPU 内部指令，导致计算机内部信息泄露或系统发生灾难性崩溃。

硬件泄密问题甚至涉及电源设备。电源泄密的机制在于，计算机产生的电磁信号可以通过供电线路传输出去，攻击者可以利用特殊设备从电源线上截获这些信号并进行还原。

计算机中的每个组件都是可编程控制芯片，一旦掌握了控制芯片的程序，就意味着掌握了计算机芯片的控制权。只要能控制，就存在安全隐患。因此，在使用计算机时，我们首先要重视并做好硬件的安全防护工作。

5.1.3　计算机软件安全

计算机软件安全涉及的内容较多也较为复杂。从用户视角来讲，需要软件系统具有功能强大、应用广泛、高度可靠、保密性强、易于操作、成本经济等特点；从软件开发商视角来讲，除了满足用户需求外，更需要保护自己的知识产权，严防软件系统被复制与被跟踪仿制。用户所考虑的安全问题主要是软件系统在使用层面的问题，而软件开发商所考虑的安全问题不仅仅是软件使用方面的，还涉及软件系统本身和开发商权利等多方面，有些安全问题还需要得到法律的保护。从信息系统安全的高度审视，计算机软件被视为系统中的一种特殊资源，其安全问题特指该资源的安全，是信息系统安全的关键一环。

当前，计算机软件面临的安全威胁主要包括非法复制、软件跟踪和软件质量缺陷。

1. 非法复制

计算机软件作为一种知识密集的商品化产品，在开发过程中需要花费大量的人力、物力，为开发软件而付出的成本往往是硬件价值的数倍甚至数百倍。然而，计算机软件产品的易复制性对软件产品的产权威胁日趋严重。对于盗版所带来的税收、就业、法律等诸多问题都引起了各国政府的高度关注，非法复制软件已经带来了严重的社会问题。

2. 软件跟踪

计算机软件在开发出来以后，常有不法分子利用各种程序调试分析工具对程序进行跟踪和逐条运行、窃取软件源码、取消防复制和加密功能，从而实现对软件的动态破译。当前软件跟踪技术主要是利用系统中提供的单步中断和断点中断功能实现的，可分为动态跟踪和静态分析两种。动态跟踪是指利用调试工具强行把程序中断到某处，使程序单步执行，从而跟踪分析；静态分析是指利用反编译工具将软件反编译成源代码的形式进行分析。

3. 软件质量缺陷

由于多种因素，软件开发商所提供的软件不可避免地存在这样或那样的缺陷，即漏洞，这些漏洞严重威胁着软件系统安全。全球顶尖软件供应商(如微软公司)所提供的软件也不例外。近年来，因软件漏洞引起的安全事件频发并呈上升趋势。一些热衷于挖掘软件漏洞的“高手”往往能够发现并利用这些漏洞进行非法活动，对用户构成极大威胁。

5.1.4　计算机安全管理制度

为加强组织企事业单位的计算机安全管理，保障计算机系统的正常运行，发挥办公自动化的效益，保证工作正常实施，确保涉密信息安全，一般需要指定专人负责机房管理，并结合本单位实际情况，制定计算机安全管理制度，例如：

(1) 计算机管理实行“谁使用谁负责”的原则。爱护机器，了解并熟悉机器性能，及时检查并清洁计算机及相关外设。

(2) 掌握工作软件、办公软件的基本操作和网络使用的一般知识。

(3) 除非有特殊工作需求，否则各项工作须在内部网络环境中进行。存储在存储介质(U盘、光盘、硬盘、移动硬盘)上的工作内容的管理、销毁都要符合保密要求，严防外泄。

(4) 禁止在外网、互联网或内部网络上处理涉密信息，涉密信息的处理只能在专用、隔离的计算机上进行。

(5) 涉及计算机用户名、口令密码、硬件加密的要严格保密，严禁外泄，密码设置应遵循复杂度要求。

(6) 配备无线互联功能的计算机不得接入内部网络，且不得处理涉密文件。

(7) 非内部管理的计算机设备不得接入内部网络。

(8) 严格遵守国家颁布的有关互联网使用的管理规定，严禁登录非法网站；严禁在上班时间上网聊天、玩游戏、看电影、炒股等。

(9) 坚持"安全第一、预防为主"的方针,加强计算机安全教育,增强员工的安全意识和自觉性。计算机应进行经常性的病毒检查,计算机操作人员发现计算机感染病毒后,应立即中断运行,并及时清除,确保计算机的安全。

(10) 下班后及时关闭计算机并切断电源。

5.2　计 算 机 病 毒

5.2.1　计算机病毒概述

计算机病毒(Computer Virus)是编制或者在计算机程序中插入的破坏计算机功能或者毁坏数据,影响计算机使用,并能自我复制的一组计算机指令或者程序代码。其生命周期涵盖开发、传染、潜伏、发作、发现、消化至消亡的各个阶段。计算机病毒通常具有隐蔽性、破坏性、传染性、寄生性、可执行性、可触发性等特征。

1. 计算机病毒的特征

(1) 隐蔽性。计算机病毒不易被发现,因其具有较强的隐蔽性,常以隐藏文件或程序代码的方式存在,难以通过常规病毒扫描手段有效检测和清除。病毒可能会伪装成正常程序,甚至被设计成病毒修复程序,诱导用户执行,从而实现病毒代码的植入和计算机系统的入侵。这种隐蔽性导致计算机安全防范处于被动局面,构成严重的安全威胁。

(2) 破坏性。病毒一旦侵入计算机系统,就可能带来极大的破坏性,包括数据信息的损毁和计算机系统的大面积瘫痪,给用户造成重大损失。例如,常见的木马、蠕虫等计算机病毒能够大规模入侵计算机系统,构成严重的安全隐患。

(3) 传染性。计算机病毒具有显著的传染性,它能够通过 U 盘、网络等多种途径传播感染计算机系统。在入侵之后,病毒能够进一步扩散,感染更多的计算机,导致大规模系统瘫痪等严重后果。随着网络信息技术的快速发展,病毒能够在短时间内实现广泛恶意入侵。因此,在计算机病毒的安全防御中,如何有效应对病毒的快速传播成为构建防御体系的关键。

(4) 寄生性。计算机病毒需要在宿主系统中寄生才能生存并发挥其破坏功能。病毒通常寄生在其他正常程序或数据中,通过特定媒介进行传播。在宿主计算机运行过程中,一旦满足特定条件,病毒即被激活,并随着程序的启动对宿主计算机文件进行不断修改,发挥其破坏作用。

(5) 可执行性。计算机病毒与其他合法程序一样,是一段可执行代码,但它不是一个完整的程序,而是寄生在其他可执行程序上,因此享有与合法程序相同的权限。

(6) 可触发性。病毒因特定事件或数值的出现而被激活,进而实施对计算机系统中文件的感染或攻击。

(7) 攻击的主动性。病毒对计算机系统的攻击是主动的,无论系统采取多么严密的防护措施,都不可能彻底地排除病毒的攻击,防护措施至多只能作为一种预防的手段而已。

(8) 病毒的针对性。有些计算机病毒是针对特定的计算机和特定的操作系统进行设计的，例如有针对 IBM PC 及其兼容机的，有针对 Apple 公司的 Macintosh 的，还有针对 UNIX 操作系统的，如小球病毒就是针对 IBM PC 及其兼容机上的 DOS 操作系统的。

2. 计算机病毒的类型

计算机病毒依据其依附媒介的不同，可被划分为三类：一是通过计算机网络感染可执行文件的网络病毒；二是主攻计算机内文件的文件病毒；三是主攻感染磁盘驱动扇区及硬盘系统引导扇区的引导型病毒。

(1) 网络病毒。网络病毒依据其功能特性，可进一步细分为木马病毒和蠕虫病毒。木马病毒是一种后门程序，它会潜伏在操作系统中窃取用户的敏感信息，比如 QQ、网上银行、游戏的账号、密码等。相比之下，蠕虫病毒在传播手段与危害性上更为复杂与严重。蠕虫病毒能广泛利用操作系统和程序的漏洞进行主动攻击，其内置扫描模块可探测并利用计算机系统中的漏洞进行快速传播。一旦某台计算机被感染，蠕虫病毒将通过网络迅速感染同一网络内的其他计算机，导致网络速度下降，甚至因 CPU、内存资源被大量占用而使系统陷入崩溃边缘。依据传播途径，网络病毒又可被划分为邮件型病毒与漏洞型病毒两种。邮件型病毒通过电子邮件附件传播，常伪装成虚假信息诱骗用户打开或下载。部分邮件型病毒还能利用浏览器漏洞，使用户即便仅浏览邮件内容而不打开附件，亦可能中招。漏洞型病毒则广泛利用 Windows 操作系统等存在的众多漏洞进行攻击，即便未运行非法软件或不安全连接，也可能因系统或软件的漏洞而被感染。例如，2004 年流行的冲击波和震荡波病毒，作为漏洞型病毒的代表，曾导致全球范围内大量网络计算机瘫痪，造成了巨大的经济损失。

(2) 文件病毒。文件病毒主要通过感染计算机中的可执行文件(.exe)和命令文件(.com)，修改计算机的源文件，使其转变为携带病毒的新文件。一旦计算机运行这些被修改的文件就会被感染，从而实现病毒的传播。

(3) 引导型病毒。引导型病毒指寄生在磁盘引导区或主引导区的计算机病毒。这类病毒利用系统引导时不验证主引导区内容正确性的缺陷，在系统引导的过程中侵入系统，驻留内存，监视系统运行，伺机传染和破坏。按照在硬盘上的寄生位置，引导型病毒又可进一步细分为主引导记录病毒和分区引导记录病毒。主引导记录病毒感染硬盘的主引导区，如大麻病毒、2708 病毒、火炬病毒等；分区引导记录病毒感染硬盘的活动分区引导记录，如小球病毒、Girl 病毒等。

3. 计算机病毒的传播方式

计算机病毒具有特定的传输机制及多样化的传播渠道。其核心功能在于自我复制和传播，这一特性使得计算机病毒易于在任何能够进行数据交换的环境中迅速扩散。计算机病毒的传播方式主要有以下三种：

(1) 通过移动存储设备传播：如 U 盘、CD、软盘、移动硬盘等存储设备因频繁移动与使用而易于成为计算机病毒的载体，它们为病毒提供了广泛的传播路径，并因此受到计算机病毒的高度青睐。

(2) 通过网络传播：此方式涉及多种网络媒介，如网页、电子邮件、即时通讯软件(如

QQ)、电子公告板(BBS)等，均可作为计算机病毒在网络传播的渠道。近年来，随着网络技术的飞速发展和互联网传输速度的提升，计算机病毒的传播速度日益加快，波及范围也在逐步扩大。

(3) 利用系统和应用软件漏洞传播：近年来，众多的计算机病毒开始利用操作系统和应用软件的安全漏洞进行传播，这一途径已被视为计算机病毒传播的主要方式之一。

5.2.2　常见的计算机病毒

1. CIH 病毒

CIH 病毒是一种具有高度破坏性的计算机恶意软件，其目标直指计算机系统的硬件层面。该病毒由台湾大学生陈盈豪开发，最初通过国际知名的两大盗版集团贩卖的盗版光盘在欧美等地区广泛传播，随后借助互联网的力量迅速传播到全世界各个角落。CIH 的载体是一个名为"ICQ 中文 Chat 模块"的工具，并以热门盗版光盘游戏(如"古墓奇兵")或 Windows 95/98 操作系统为媒介，经互联网各网站互相转载，使其迅速传播。CIH 病毒发作时将破坏硬盘数据，同时有可能破坏 BIOS 程序，其发作特征是：以 2048 个扇区为单位，从硬盘主引导区开始依次往硬盘中写入垃圾数据，直到硬盘数据被全部破坏为止。最坏的情况下硬盘所有数据(含全部逻辑盘数据)均被破坏，某些主板上的 Flash ROM 中的 BIOS 信息将被清除。

2. 蠕虫病毒

蠕虫病毒是一种具备自我复制能力的恶意代码，并且能够通过网络传播，无须人为干预即可实现广泛传播的病毒。一旦蠕虫病毒成功入侵并完全掌控一台计算机，该机器随即成为其宿主，蠕虫病毒会利用此宿主扫描并试图感染网络中的其他计算机，这一过程将持续进行，形成连锁反应。典型的蠕虫病毒是"熊猫烧香"，它在 2007 年 1 月初于网络上迅速蔓延。该病毒具备自动传播的功能，能够自动感染宿主计算机硬盘中的多种文件类型，如 exe、com、pif、src、html、asp 等。此外，"熊猫烧香"还具备强大的破坏力，能够终止运行中的大量反病毒软件进程，并且删除扩展名为 gho 的文件(此类文件是系统备份工具"GHOST"的生成的备份文件，删除后会使用户的系统备份文件丢失)，被感染的用户系统中所有.exe 可执行文件的图标被改成熊猫举着三根香的模样。

3. 勒索病毒

勒索病毒主要通过邮件、程序木马以及网页挂马等手段进行传播。该类病毒利用多种复杂的加密算法对目标文件进行加密处理，被感染者一般无法解密，必须拿到解密的密钥才能破解。2017 年 5 月起，一款名为"WannaCry"的勒索病毒疯狂地袭击了全球 100 多个国家，英国有超过 40 家医院的计算机受到大规模攻击后沦陷，不得不使用纸笔进行紧急预案。2018 年 3 月，国家互联网应急中心通过自主监测和样本交换机制共发现 23 个锁屏勒索类恶意程序变种。这些变种通过对用户手机锁屏，勒索用户付费解锁，对用户的财产和手机安全均造成严重威胁。

4. 震网病毒

震网病毒又名 Stuxnet 病毒，是一个席卷全球工业界的病毒，于 2010 年 6 月首次被检测出来，此病毒是第一个针对现实世界中的基础设施(如核电站、水坝、国家电网)实施定向攻击的"蠕虫"病毒先例。作为世界上首个网络"超级破坏性武器"，震网病毒已经感染了全球超过 45 000 个网络，其中伊朗遭到的攻击最为严重，超过 60%的个人计算机感染了这种病毒。计算机安防专家一致认为，该病毒是有史以来最高端的"蠕虫"病毒。从传播方式来看，震网病毒主要通过 U 盘进行传播，利用微软操作系统中的 MS10-046 漏洞(Lnk 文件漏洞)、MS10-061(打印服务漏洞)、MS08-067 等多种漏洞来伪造数字签名。同时，它也会利用一套完整的入侵传播流程，突破工业专用局域网的物理限制，对西门子的 SCADA 软件进行特定攻击。从传播过程来看，震网病毒首先感染外部主机，随后通过 U 盘及快捷方式文件解析漏洞进入内部网络。在内网环境中，它利用快捷方式解析漏洞、RPC 远程执行漏洞、打印机后台程序服务漏洞，实现联网主机之间的传播，最后抵达安装了 WinCC 软件的主机并展开攻击。震网病毒以伊朗核设施使用的西门子监控与数据采集系统为进攻目标，通过控制离心机转轴的速度来破坏伊朗核设施。该病毒潜入伊朗核设施后，先记录系统正常运转的信息，等待离心机注满核材料。潜伏 13 天后，它一边向控制系统发布此前记录的正常运转的信息，一边指挥离心机非常态运转，突破其最大转速而造成其物理损毁。这一攻击导致伊朗上千台离心机直接发生损毁或爆炸，同时也导致放射性元素铀的扩散和污染，造成了严重的环境灾难。根据媒体报道，震网病毒毁坏了伊朗近 1/5 的离心机，感染了 20 多万台计算机，造成 1000 台机器物理退化，并使得伊朗核计划倒退了两年。

5. 木马病毒

《荷马史诗》记载了这样一个故事：希腊大军围住特洛伊城，但久攻不下。紧要关头，智慧女神雅典娜帮希腊人做了一个大木马。有一天，希腊大军乘船扬帆而去，海滩上留下一个巨型木马。特洛伊人好奇地围上去，一个被捉的希腊人告诉特洛伊国王：木马是希腊人祭祀雅典娜的，毁了它会激怒天神，如果把木马拖回城，会给特洛伊带来福音。天真的特洛伊人以为雅典娜会站到他们一边，便齐心合力地把木马往城里拖。当天晚上，"木马计"得逞了，那个欺骗特洛伊人的希腊人三敲木马，一批希腊勇士从木马中跳出来，他们杀死守城门的士兵，开门放希腊大军入城，一举攻下了特洛伊城。计算机木马的名字就来源于这个故事。

木马(Trojan)也称木马病毒，是指通过特定的程序(木马程序)来控制另一台计算机。木马通常有两个可执行程序：一个是控制端，另一个是被控制端。木马病毒与其他计算机病毒的区别是，它不会自我繁殖，也不会主动去感染其他文件，和故事中的"木马"一样，它通过伪装自身吸引用户下载执行，向施种木马者提供打开被种木马主机的门户，使施种者可以任意毁坏、窃取被种者的文件，甚至远程操控被种主机。

当前最为流行的木马就是"挖矿木马"。2017 年国内网络安全公司火绒安全发布预警：知名激活工具 KMSpico 中含有病毒，当用户从其网站上下载安装到自己的计算机中时，就会被植入挖矿木马"Trojan/Miner"。据安全研究人员分析，该挖矿木马一旦入侵用户的计算机设备，就会疯狂地利用用户计算机挖矿来计算生产门罗币，让这些用户的设备成为黑客谋取利益的工具。

除此之外，常见的木马病毒还有以下几种：

(1) 盗号木马：此类木马会隐匿在系统中，伺机盗取用户各类账号及密码信息。

(2) 下载者木马：此类木马通过下载其他病毒来间接对系统产生安全威胁。下载者木马通常体积较小，并辅以诱惑性的名称和图标诱骗用户使用。由于体积较小，下载者木马更易传播，且传播速度很快。

(3) 释放器木马：此类木马通过释放其他病毒来间接对系统产生安全威胁。

(4) 点击器木马：此类木马会在后台通过访问特定网址来"刷流量"，使病毒作者获利，并会占用被感染主机的网络带宽。

(5) 代理木马：此类木马会在被感染主机上设置代理服务器，黑客可将被感染主机作为网络攻击的跳板，以被感染者的身份进行黑客活动，达到隐藏自己、躲避执法者追踪的目的。

5.2.3　计算机病毒的危害与防范措施

1. 计算机病毒的危害

大部分计算机病毒在激发的时候会直接破坏重要信息数据，如直接篡改 CMOS 设置、删除重要文件、执行磁盘格式化操作、改写目录区以及用"垃圾"数据来改写文件等。由于计算机病毒是一段可执行的计算机代码，它们会大幅占用计算机的内存空间，特别是某些大型的病毒还会在计算机内部自我复制，导致计算机内存可用空间大幅度减少。此外病毒运行时还会抢占中断、修改中断地址，并在中断过程中插入恶意代码(即病毒的"私货")，进而干扰系统的正常运行。一旦病毒成功侵入系统，它们会自动搜集用户的敏感数据，非法窃取和泄露信息，导致用户信息大量外泄，给用户带来不可估量的损失和严重的后果。

2. 计算机病毒的防范措施

计算机病毒持续不断地监视着计算机系统，随时准备发起攻击，但计算机病毒也不是不可控制的，可以通过以下措施有效减轻其对计算机的破坏。

(1) 部署并更新防病毒软件：安装最新版本的杀毒软件，每天升级杀毒软件病毒库，定时对计算机进行病毒查杀，上网时开启杀毒软件的全部监控。培养良好的上网习惯，如对不明邮件及附件慎重打开，避免访问可能带有病毒的网站，使用较为复杂的密码等。

(2) 谨慎处理网络下载与浏览：不要运行从网络下载后未经杀毒处理的软件，不要随意浏览或登录陌生的网站，以增强自我保护能力。现在有很多非法网站会被植入恶意代码，一旦用户访问这些网站，用户的计算机即会感染木马病毒或被安装上其他恶意软件。

(3) 提升信息安全意识：在使用移动存储设备时，尽量减少共享，因为移动存储设备既是计算机病毒进行传播的主要途径，也是计算机病毒攻击的主要目标。在对信息安全要求比较高的场所，应将计算机的 USB 接口封闭，在条件允许的情况下应做到专机专用。

(4) 更新系统与应用软件：及时为操作系统打全系统补丁，同时将应用软件升级到最新版本，如播放器软件、通信工具等，避免病毒以网页木马或应用漏洞进行入侵。一旦发现计算机受到病毒侵害，应立即将其隔离。在使用计算机的过程中，若发现计算机上存在病毒或者计算机异常，应该及时中断网络连接。当发现计算机网络一直中断或者网络异常时，应立即切断网络，以免病毒在网络中进一步传播。

5.3　网　络　安　全

5.3.1　常见的网络攻击方式

近年来，网络攻击事件频发，互联网上的木马、蠕虫、勒索软件层出不穷，对网络安全乃至国家安全构成了严重的威胁。2022 年 4 月 20 日，国家计算机病毒应急处理中心发布报告指出，现有国际互联网骨干网和世界各地的关键信息基础设施当中，只要包含美国公司提供的软硬件，就极有可能被内嵌各类的"后门程序"，从而成为美国政府网络攻击的目标。一般来说，常见的网络攻击方式有以下 16 种。

1. 端口扫描

端口扫描的目的是找出目标系统上提供的服务列表。端口扫描程序逐个尝试与 TCP/UDP 端口连接，然后根据端口与服务的对应关系，结合服务器端的反应推断目标系统上是否运行了某项服务，攻击者通过这些服务可获得关于目标系统的进一步的知识或通往目标系统的途径。

2. 口令破解

口令机制作为资源访问控制的首要防线，其重要性不言而喻。网络攻击者常常将破解用户的弱口令作为突破口，以获取系统的访问权限。随着计算机硬件和软件技术的飞速发展，口令破解技术也愈发高效，攻击者如今所具备的计算能力相较于十年前已提升了千倍之多。在一台高性能的工作站上，对包含 250 000 个词条的字典进行全面搜索的时间，已缩短至仅需 5 min。调查研究显示，普通用户在设置口令字符时存在明显的偏好。具体而言，仅使用小写字母的占比高达 28.9%，而部分包含大写字母的则占到了 40.9%。然而，使用控制字符的占比却极低，仅为 1.4%；同样，使用标点符号和非字母数字的占比也不高，分别为 12.4% 和 1.7%。更令人担忧的是，有 3.9% 的用户直接选用了注册时的用户信息(如用户名、电话及用户 ID)作为密码。总体而言，约有 20%～30% 的口令可以通过对字典或常用字符表进行搜索，或者经过简单的置换操作而被发现。这一现状无疑加剧了口令安全性的挑战。此外，目前市场上还存在专用的口令攻击软件，这些软件能够针对不同的系统进行精准攻击，进一步提升了口令破解的威胁性。

3. 缓冲区溢出攻击

缓冲区溢出攻击能够使攻击者有机会夺取目标主机的部分乃至全部控制权。根据统计数据，此类攻击在远程网络攻击中占据了绝大多数的比例。缓冲区溢出之所以成为远程攻击的主要手段，原因在于其漏洞为攻击者提供了操控程序执行流程的机会。攻击者通过精心构造的攻击代码，将其注入含有缓冲区溢出漏洞的程序中，进而篡改该程序的正常执行流程，最终获取被攻击主机的控制权。

4. 恶意代码攻击

恶意代码攻击是网络攻击常见的攻击手段，其常见类型涵盖计算机病毒、网络蠕虫、特洛伊木马、后门程序、逻辑炸弹以及僵尸网络等。这些恶意代码类型各自具备独特的传播机制、潜伏策略和攻击方式，构成了网络防御领域需持续关注的重大挑战。

5. 拒绝服务攻击

拒绝服务攻击(Denial of Service，DoS)是指攻击者利用系统或网络存在的缺陷，执行恶意操作，致使合法系统用户无法及时获得应有的服务或系统资源(如网络带宽)，从而导致计算机或网络无法正常运行，并可能影响依赖计算机或网络服务的单位不能正常运转。DoS攻击的本质特征是延长服务等待时间，当服务等待时间超过用户的忍耐阈值时，用户将放弃服务请求。DoS攻击通过延迟或阻碍合法用户享用系统服务，对关键性和实时性服务的影响尤为显著。DoS攻击与其他攻击相比具有以下特点：

(1) 难确认性：DoS攻击难以检测，用户在服务未得到及时响应时，通常不会认为受到攻击，而可能将其归因于系统故障导致的一时性服务失效。

(2) 隐蔽性：DoS攻击中，正常的服务请求可能被隐藏在攻击流量中，使得攻击行为不易被发现。

(3) 资源有限性：鉴于计算机资源的有限性，DoS攻击的实现相对容易，攻击者可以利用有限的资源对目标实施有效的攻击。

(4) 软件复杂性：由于软件本身的复杂性，其设计与实现过程中难以完全避免缺陷，因此攻击者可能利用这些缺陷进行DoS攻击，如泪滴攻击等。

6. 分布式拒绝服务攻击

分布式拒绝服务攻击(Distributed Denial of Service，DDoS)是指攻击者通过植入后门程序从远程遥控发动攻击。攻击者利用多个已被入侵的跳板主机(也称为"肉鸡"或"僵尸计算机")作为控制点，进而操控多个代理攻击主机。通过这种方法，攻击者能够同时对已控制的代理攻击主机发出干扰指令，并针对受害主机实施大规模的攻击。DDoS攻击通过消耗或占用目标计算机的大量网络或系统资源，使得目标计算机无法处理合法的服务请求，从而导致正常用户无法访问。最为常见的DDos攻击类型主要有：

(1) SYN Flood Attack(SYN洪水攻击)：基于TCP协议三次握手机制的一种DDoS攻击方式。攻击者向目标系统发送大量半开连接请求(SYN数据包)，但不完成后续的握手过程(不发送ACK响应)。这导致目标系统的半开连接表迅速填满，从而无法处理新的合法连接请求，造成服务拒绝。

(2) UDP Flood Attack(UDP洪水攻击)：基于UDP协议无连接特性的一种DDoS攻击。攻击者向目标系统发送大量UDP数据包，由于UDP协议不建立连接，目标系统需对每个数据包进行处理，但攻击者可伪造源IP地址，使目标系统难以追踪攻击源。此攻击消耗目标系统资源，导致服务性能下降或完全不可用。

(3) ICMP Flood Attack(ICMP洪水攻击)：基于ICMP协议的一种DDoS攻击。攻击者向目标系统发送大量ICMP Echo请求(Ping数据包)，目标系统需对每个请求进行响应。由于ICMP协议无流量控制机制，攻击者可发送大量请求占用目标系统的带宽和处理能力，导致目标系统无法响应合法用户请求。

(4) HTTP(S) Flood Attack(HTTP/HTTPS洪水攻击)：针对Web应用层的一种DDoS攻击。攻击者模拟合法用户的HTTP(S)请求，向目标Web服务器发送大量并发请求，占用服务器的资源、带宽和处理能力。常见的 HTTP(S)攻击方式包括 HTTP GET/POST 洪水攻击、HTTP POST 慢速攻击(Slowloris)、HTTP 低速攻击(Slow POST)等。

(5) DNS Amplification Attack(DNS 放大攻击)：基于 DNS 协议特性的一种 DDoS 攻击。攻击者利用开放的 DNS 服务器，向目标发送伪造的 DNS 查询请求，并伪造源 IP 地址为攻击目标。由于 DNS 查询响应通常比请求大得多，故此攻击可放大攻击流量，对目标系统造成更大压力。

7. 垃圾邮件攻击

垃圾邮件攻击是指攻击者未经授权，利用邮件系统向目标用户发送大量未经请求或无关紧要的电子邮件的行为。这些邮件通常包含广告、欺诈信息、恶意软件等内容，旨在干扰目标用户的正常使用，甚至可能通过专门的邮件炸弹(mailbomb)程序，短时间内发送大量邮件，以耗尽目标用户邮箱的磁盘空间，导致用户无法正常接收和发送邮件。

8. 网络钓鱼攻击

网络钓鱼攻击是一种借助伪装成为可信实体(如知名银行、在线零售商及信用卡公司等享有信誉的品牌)提供虚假在线服务，运用欺诈策略以非法采集敏感个人信息(如口令、信用卡详尽信息等)的攻击方式。

当前，网络钓鱼攻击深度融合社会工程学攻击策略与现代多样化的网络攻击技术，旨在实现其欺诈目的。其中，最具代表性的手法为，网络钓鱼者运用具有误导性的电子邮件及仿冒网站实施诈骗，诱使访问者泄露信用卡号码、账户及口令、社会保险号等个人信息，进而攫取非法利益。

9. 网络窃听攻击

网络窃听是指利用网络通信技术的漏洞或缺陷，使得攻击者有能力截获并获取非自身目标的其他人的网络通信数据和信息。其中，常见的网络窃听技术主要包括网络嗅探与中间人攻击等类型。

在常规的计算机网络通信中，系统通常仅接收那些目的地址指向自身的网络数据包，而对于其他数据包则予以忽略。然而，在特定情境下，如处于完全的广播子网环境中时，局域网(LAN)内所有主机的网络通信内容均可能被该局域网内的任意主机所接收，这一特性极大地便利了网络窃听行为。

网络攻击者通过将主机的网络接口配置为"混杂模式"，便能够接收并处理整个网络上传输的所有数据包。借此方式，攻击者可以捕获到包含敏感信息的网络数据包，如用户口令等，甚至能对这些数据包进行重组与还原，从而得到用户传输的原始文件内容。

10. SQL 注入攻击

SQL 注入攻击是一种代码注入技术，它利用应用程序对用户输入数据的验证不足或处理不当的漏洞，将恶意的 SQL 代码片段注入到应用程序原本执行的 SQL 查询语句中。这种攻击允许攻击者绕过应用程序的安全控制，直接对后端数据库进行操作，可能导致数据泄露、数据篡改、数据库损坏以及未授权访问等严重后果。在 SQL 注入攻击中，攻击者通常会通过输入字段(如文本框、下拉菜单、URL 参数等)提交精心构造的恶意输入数据。这些数据被应用程序不加区分地拼接到 SQL 查询字符串中，并传递给数据库引擎进行解析和执行。由于数据库引擎无法区分哪些代码是应用程序原本意图执行的，哪些是攻击者注入的恶意代码，因此会按照正常流程执行整个查询语句，从而触发攻击。

11. 社交工程攻击

社交工程攻击是指网络攻击者运用一系列精心策划的社交手段和策略，以非法获取目标对象所需敏感信息的行为。在这个过程中，攻击者可能会采取多种伪装手法，如伪造系统管理员或其他可信身份，通过电子邮件等通信渠道向特定用户发送欺骗性信息，诱使其泄露密码口令等敏感数据(这种手法通常被称为"钓鱼")。此外，攻击者还可能向用户提供所谓的"免费使用程序"，这些程序在表面上看似能够完成用户所需的功能，但实际上却暗含恶意代码或后门机制，能够在用户不知情的情况下将其计算机信息发送给攻击者。由于很多网络用户缺乏足够的安全意识和经验，因此容易成为攻击者的欺骗对象，不慎泄露个人或企业的敏感信息，从而给网络安全带来严重威胁。

12. 电子监听攻击

电子监听攻击是指网络攻击者运用高灵敏度的电子设备，在远距离上对电磁波的传输过程进行监视与截获的行为。这种攻击方式利用了电磁波辐射的原理，使得攻击者能够通过无线电接收装置，在不被察觉的情况下捕获到计算机操作者输入的字符信息或屏幕显示的具体内容，进而实现对目标系统的非法窥探与信息窃取。

13. 会话劫持攻击

会话劫持是指攻击者在用户初始授权并建立连接之后，通过非法手段接管该会话，从而获取合法用户的特权权限和控制权的行为。在此类攻击中，一旦合法用户登录到某台主机或系统，并在完成工作后未主动切断连接，攻击者便有机会利用系统未检测到连接已断开的漏洞，乘虚而入接管会话。由于主机或系统并未意识到合法用户的连接已经失效，攻击者便能够无缝衔接地利用合法用户的所有权限执行操作。一个典型的实例即为"TCP 会话劫持"，攻击者通过嗅探、欺骗等技术手段，窃取或预测 TCP 会话的序列号，进而冒充合法用户接管会话，实现对目标系统的未授权访问与控制。

14. 漏洞扫描攻击

漏洞扫描是一种采用自动化技术手段，对远程或本地计算机系统进行深入分析，以识别并报告潜在安全弱点与漏洞的过程。该过程依赖于专业的漏洞扫描器，这些扫描器内置了丰富的漏洞库与检测逻辑，能够系统性地探测目标系统的安全边界。在网络攻击者的视角下，漏洞扫描成为一种重要的情报收集手段，用于搜集潜在目标系统的漏洞信息，为后续的攻击行动提供有价值的线索与准备。而在安全人员的防御工作中，漏洞扫描则成为不可或缺的安全评估工具，用于及时发现并修复系统存在的安全缺陷。常见的漏洞扫描技术有 CGI 漏洞扫描、弱口令扫描、操作系统漏洞扫描、数据库漏洞扫描等。一些黑客或安全人员为了更快速地查找网络系统中的漏洞，会针对某个漏洞开发专用的漏洞扫描工具。例如，RPC 漏洞扫描器就是一种针对 RPC 服务进行深度探测的专业工具，它能够迅速识别并报告目标系统中存在的 RPC 安全漏洞，为网络安全防护提供有力的支持。

15. 代理攻击

代理攻击是指网络攻击者利用免费代理服务器作为中介，向目标系统发起攻击的一种策略。在此攻击模式中，代理服务器充当了"攻击跳板"的角色，使得攻击行为的发起者能够隐匿其真实身份和 IP 地址。即便目标系统的网络管理员检测到攻击行为，也难以直接追踪到攻击者的实际来源。为了进一步提升追踪的难度，攻击者往往会采用多级代理服务器或"跳板主机"来构建复杂的攻击链路。这种多层次的攻击路径不仅增加了追踪的复杂性，还使得攻击者能够在攻击过程中不断变换身份和位置，从而进一步混淆视听。

16. 数据加密攻击

数据加密攻击是指网络攻击者运用数据加密技术以规避网络安全管理人员的追踪行为。此加密机制为网络攻击者的数据提供了有效的防护屏障，即使网络安全管理人员截获了这些加密的数据，若无对应的密钥也无法解读其内容，从而实现了攻击者的自我保护的目的。攻击者的安全准则是，任何与攻击活动相关联的信息内容均须进行加密处理或即时销毁，以确保其行动轨迹不被追踪与暴露。

5.3.2　网络安全防范

从国际安全态势视角分析，各国由于经济利益等多元因素持续产生摩擦与冲突。作为国家关键信息基础设施的网络空间，已成为国际竞争与对抗的前沿阵地，保密与窃密的较量日益激烈且错综复杂。部分势力运用 "僵尸网络""后门程序"等手段，对政府网站及关键信息系统实施远程渗透攻击；有的通过远程植入木马病毒，或利用计算机系统漏洞执行端口扫描与数据包嗅探，大肆窃取国家秘密与内部敏感信息；有的将已被植入木马的计算机作为中继跳板，采用蛙跳式攻击策略，进一步渗透并窃取网络内部其他节点的信息。

就网络应用趋势而言，个人在工作与日常生活中对网络的依赖程度不断加深，处理社会事务、金融交易等均需依赖网络环境，导致个人隐私泄露、金融资产被盗等安全事件频发。部分不法分子与恶意行为人持续利用网络平台窃取各类信息，进而进行非法套现与牟利活动。网络黑色产业的规模持续膨胀，网络窃密技术不断更新迭代，其社会危害日益显著。因此，网络安全与保密工作不仅关乎国家层面的安全稳定，也成为个人日常生活中必须面对的重大挑战。

在网络安全防范实践中，需综合运用技术手段、管理策略以及宣传教育等多种措施以强化综合安全管理能力。

1. 技术手段

1) 防火墙技术

所谓防火墙(Firewall)，是指一种集成了软件和硬件设备的系统，它在内部网络与外部网络之间、专用网络与公共网络之间的边界上构建起一道保护屏障。防火墙作为获取安全的一种形象说法，实质上是在外部网络与内部网络之间建立了一个安全网关，以保护内部网络免受非法用户的入侵和攻击。防火墙的组成主要包括服务模块、访问控制规则、验证工具、包过滤机制以及应用网关五个核心部分。它是一个部署在计算机系统与它所连接的网络之间的安全设备，无论是流入还是流出的数据包，都必须经过防火墙的检查和过滤。

从逻辑层面分析，防火墙发挥着分隔、限制和分析的关键作用。在实际应用中，防火墙是加强内部网络(Intranet)安全防御的一组系统，这组系统由路由器、服务器等硬件设备以及相应的安全软件共同构成。所有来自 Internet 的传输信息或由内部网络发出的信息，都必须经过防火墙的检查和过滤。因此，防火墙在保护电子邮件、文件传输、远程登录以及在特定系统间进行信息交换等方面的安全中起着至关重要的作用。防火墙是网络安全策略的重要组成部分，它通过控制和监测网络之间的信息交换和访问行为，实现对网络安全的有效管理。如今，防火墙已成为各企业网络中实施安全保护的核心组件。

防火墙还可以被视为一个阻塞点。所有内部网络与外部网络之间的连接都必须经过这个阻塞点进行检查和过滤，只有经过授权的通信才能通过防火墙的阻塞点。这样，防火墙在内部网络与外部网络之间建立了一种有条件的隔离，从而有效防止非法入侵和非法使用系统资源。同时，防火墙还能执行安全管制措施，记录所有可疑事件，其基本安全准则有以下两点：

(1) 默认拒绝原则：一切未被明确允许的行为都是禁止的。基于这一原则，防火墙应默认封锁所有信息流，然后逐步开放希望提供的服务。这种方法能够创建一个非常安全的环境，因为只有经过仔细筛选的服务才被允许使用。其弊端在于可能会牺牲用户使用的方便性，限制用户所能使用的服务范围。

(2) 默认允许原则：一切未被明确禁止的行为就是允许的。基于这一原则，防火墙会转发所有信息流，然后逐项屏蔽可能有害的服务。这种方法为用户提供了更灵活的应用环境，但也可能增加安全管理的复杂性。特别是在网络服务日益增多的情况下，网络管理人员可能难以提供可靠的安全防护。

2) 入侵检测技术

入侵检测是一种针对入侵行为的监测机制，它通过采集并分析网络行为安全日志、审计记录以及其他网络上可获取的信息和计算机系统中关键节点的数据，来检查网络或系统是否存在违反安全策略的行为或遭受攻击的迹象。作为一种积极主动的安全防护手段，入侵检测为内部攻击、外部攻击及误操作提供了实时的防护屏障。它在网络系统受损前拦截并响应入侵行为，因此被视为防火墙之后的第二道安全防线，能够在不影响网络性能的前提下对网络进行持续监测。

入侵检测通过执行以下核心任务实现安全监测：对用户及系统活动进行全面监视与分析；对系统架构及弱点进行审计；识别并报警反映已知攻击模式的活动；对异常行为模式进行统计与分析；对关键系统及数据文件进行完整性评估；对操作系统进行审计以及跟踪管理，识别用户违反安全策略的行为。入侵检测作为防火墙的有效补充，增强了系统对网络攻击的防御能力，扩展了系统管理员的安全管理范畴，提升了信息安全基础结构的完整性。

入侵检测的首要步骤是信息获取，这涉及系统、网络、数据以及用户活动的状态和行为信息的采集。此过程需要在计算机网络系统的多个关键节点(包括不同网段和不同主机)上收集这些信息，并比对它们的一致性，以发现任何差异并定位入侵点。

但是，入侵检测的有效性在很大程度上依赖于所收集信息的可靠性和准确性。因此，利用已知且精确的软件来报告这些信息至关重要。由于黑客可能会替换软件以混淆或移除这些信息，如替换被程序调用的子程序、库文件和其他工具，导致系统功能异常但外观正常。例如，UNIX 系统的 ps 命令可能被替换为不显示入侵进程的命令，或编辑器被替换为读取不同文件的版本(黑客隐藏了原始文件并用另一个版本替代)。为确保网络检测系统的准确性，特别是入侵检测系统软件本身的坚固性至关重要，以防止被篡改而收集到错误的信息。

入侵检测所利用的信息一般来自以下四个方面：

(1) 系统和网络日志审计。系统和网络日志作为黑客活动的重要痕迹载体，是检测入侵活动的必要基础。这些日志记录了系统与网络上的异常或非预期活动迹象，能够指示潜在的入侵尝试或已发生的入侵事件。通过分析日志，可以迅速识别入侵成功或未遂的情况，并触发相应的应急响应机制。日志内容涵盖多种行为类型，如"用户活动"日志，记录用户登录行为、用户 ID 变更、文件访问、权限及认证信息等。针对用户活动，异常行为可能包括多次登录失败、访问非预期位置及未经授权的重要文件访问尝试等。

(2) 文件系统完整性检查。网络环境中的文件系统包含大量软件和数据文件，尤其是包含敏感信息和私有数据的文件，常成为黑客攻击的目标。目录和文件中发生的非预期变化(包括修改、创建和删除)，特别是那些通常受到访问限制的，可能预示着入侵活动的发生。黑客往往会替换、篡改或破坏已获取访问权限的系统中的文件，并试图通过替换系统程序或修改系统日志来掩盖其活动痕迹。

(3) 程序行为分析。网络系统上的程序执行涉及操作系统、网络服务、用户启动的程序及特定应用(如数据库服务器)。每个在系统上运行的程序通过一个或多个进程实现，这些进程在具有不同权限的环境中执行，控制其可访问的系统资源、程序和数据文件。进程的行为通过其运行时执行的操作来体现，这些操作包括计算、文件传输、设备交互、与其他进程的通信以及与网络间其他进程的通信。进程表现出非预期行为可能意味着系统正遭受黑客入侵，黑客可能通过分解程序或服务的运行来导致进程失败，或以非用户或管理员意图的方式进行操作。

(4) 物理安全监控。物理形式的入侵检测包括两个方面：一是监测未授权网络硬件的连接；二是监控对未授权物理资源的访问。黑客可能会尝试突破网络的物理防御，一旦他们能够在物理上访问内部网络，就能安装自己的设备和软件。因此，监测并识别网络上的不安全(未授权)设备成为关键，以防止黑客利用这些设备访问网络。

对上述四类收集的有关系统、网络、数据及用户活动的状态和行为信息，通常采用模式匹配技术、统计分析技术和完整性分析技术这三种技术手段进行分析。其中前两种技术手段主要用于实时入侵检测，完整性分析主要用于事后分析。

(1) 模式匹配技术。模式匹配就是将收集到的信息与预定义的网络入侵和系统误用模式数据库进行比对，从而发现违背安全策略的行为。该过程可简化为基本的字符串匹配，用于查找特定条目或指令；亦可复杂化为利用数学表达式来描述安全状态的变化。一般来讲，一种进攻模式可以用一个过程(如执行一条指令)或一个输出(如获得权限)来表示。模式匹配技术的优势在于仅需收集相关数据集合，显著降低了系统开销，且技术成熟度较高，检测准确率和效率与病毒防火墙方法相当。然而，该技术需不断更新以应对新型攻击手段，且无法检测到未知的攻击方式。

(2) 统计分析技术。该技术首先为系统对象(如用户、文件、目录、设备等)建立统计特征，包括正常使用时的访问次数、操作失败次数、响应时间等测量属性。通过比较这些属性的平均值与系统或网络行为，任何偏离正常范围的观测值均被视为潜在入侵。例如，若某账户通常在晚八点至早六点不活跃，却在凌晨两点尝试登录，则可能被统计分析方法标记为异常。其优点在于能够检测未知和复杂的入侵，但缺点是误报率和漏报率较高，且难以适应用户正常行为的突发性变化。其具体方法包括基于专家系统、模型推理和神经网络的分析等。

(3) 完整性分析技术。完整性分析主要关注文件或对象是否被更改，通常涉及文件和目录的内容及属性检查，对于识别被篡改或特洛伊化的应用程序特别有效。完整性分析利用强有力的加密机制——消息摘要函数(如 MD5)，能识别微小的变化。其优势在于无论模式匹配或统计分析技术是否成功检测到入侵，只要攻击导致了文件或其他对象的任何更改，它都能发现。但是，该方法通常以批处理方式运行，不适用于实时响应。尽管如此，完整性检测方法仍是网络安全的重要组成部分。例如，可以设定在每天特定时间启动完整性分析模块，对网络系统进行全面扫描。

3) 访问控制技术

访问控制是指系统对用户身份及其所属的预先定义的策略组限制其使用数据资源能力的手段，通常用于系统管理员控制用户对服务器、目录、文件等网络资源的访问。访问控制是系统保密性、完整性、可用性和合法使用性的重要基础，是网络安全防范和资源保护的关键策略之一，也是主体依据某些控制策略或权限对本身或其资源进行的不同级别的授权访问。访问控制的主要功能包括：一方面保证合法用户访问授权保护的网络资源；另一方面防止非法的主体进入受保护的网络资源或防止合法用户对受保护的网络资源进行非授权的访问。

访问控制模式主要有三类：强制访问控制(Mandatory Access Control，MAC)和自主访问控制(Discretionary Access Control，DAC)以及基于角色的访问控制(Role-Based Access Control, RBAC)。MAC 是由系统强制实施的，要求主体严格遵守既定的访问控制策略。而 DAC 则是基于主体身份及其所属组别对访问权限进行限定的一种方法，其特点在于访问权限的自主性。基于自主访问控制和强制访问控制这两种模式的改进，产生了基于角色的访问控制。

(1) 强制访问控制：在此模式下，由授权机构为主体和客体分别定义固定的访问属性，且这些访问权限不能由用户修改。主体的权限反映了信任的程度，客体的权限则与其包含信息的敏感度一致。拥有相应权限的用户可访问相应级别的数据。强制访问控制具有层次性，通过预先定义主体的可信任级别及客体(信息)的敏感程度(安全级别)，如绝密级、机密级、秘密级、无密级等，结合主体和客体的级别标记来决定访问模式。此机制利用"上读/下写"原则来保证数据完整性，通过"下读/上写"原则来保证数据的保密性，实现信息的单向流通。强制访问控制适用于多层次安全级别的军事应用，但实施复杂且管理烦琐。

(2) 自主访问控制：在此模式下，由客体自主地确定各个主体对客体的直接访问权限，通过访问矩阵来描述。然而自主访问控制仅能控制主体对客体的直接访问，而不能控制间接访问。另外，其访问矩阵通常比较大，难以直接以矩阵形式实现，通常采用以下两种方法：

① 访问控制表(Access Control List，ACL)：以客体为索引，每个客体对应一个 ACL，定义每个主体对其实施的操作。

② 容量表(Capability List，CL)：以主体为索引，每个主体对应一个 CL，定义对每个

客体的访问权限。

授权关系是前两者的结合，利用关系表示访问矩阵，每个关系表示一个主体对一个客体的访问权限，并利用数据库存储该访问矩阵。

自主访问控制是根据访问者的身份和授权来决定访问模式，赋予主体一定的访问控制权。然而，这种权利可能导致信息在传递过程中访问权限关系发生改变。例如，用户 A 可以将其对客体目标 O 的访问权限传递给用户 B，从而使不具备对客体目标 O 访问权限的用户 B 也可以访问客体目标 O，这样做很容易产生安全漏洞，所以自主访问控制的安全级别很低。

(3) 基于角色的访问控制：作为强制访问控制和自主访问控制的改进版，基于角色的访问控制根据用户在系统中的角色分配访问权限，角色可被定义为与一个特定活动相关联的一组动作和责任。这需要两种授权：

① 为每个客体的 ACL 定义每个角色允许的访问模式；

② 为每个用户授权特定角色。

随着网络特别是 Intranet 的快速发展，RBAC 对访问控制服务的质量也提出了更高的要求。相比 MAC 和 DAC，RBAC 更加灵活和可管理，但也需要更精细的设计和配置以满足复杂的安全需求。DAC 将赋予或取消访问权限的一部分权力留给用户个人，这使得管理员难以确定哪些用户对哪些资源有访问权限，不利于实现统一的全局访问控制；而 MAC 过于偏重保密性，对其他方面如系统连续工作能力、授权的可管理性等考虑不足。

4) 防病毒技术

从反病毒产品对计算机病毒的作用来讲，防病毒技术可以直观地分为计算机病毒预防技术、计算机病毒检测技术及计算机病毒清除技术。

(1) 计算机病毒预防技术。作为一种动态判定及行为规则判定技术，计算机病毒预防依托特定的技术手段，旨在阻止计算机病毒对系统构成的传染与破坏。该技术通过对病毒规则进行分类，并在程序运行过程中识别并拦截符合这些规则的行为，从而有效防御病毒。具体来说，它涉及阻止病毒进入系统内存、阻断病毒对磁盘的操作(尤其是写操作)等策略。这一技术包括磁盘引导区保护、可执行程序加密、读写控制以及系统监控技术等多个方面。

(2) 计算机病毒检测技术。计算机病毒检测技术主要包括两大类型：一是基于特征分类的检测技术，该技术根据计算机病毒的关键字、特征、程序段内容、病毒特征及传播方式、文件长度的变化等信息建立检测机制；二是非特定病毒的自身检验技术，即对某个文件或数据段进行检验和计算，并保存其结果，以后定期或不定期地对该文件或数据段进行检验，若出现差异，即表示该文件或数据段的完整性已遭到破坏，可能感染了病毒。

(3) 计算机病毒清除技术。作为病毒检测技术发展的逻辑延伸，计算机病毒清除技术是病毒传播过程的逆向操作。目前清除病毒大都是在某种病毒出现后，通过对其进行分析研究而研发出具有相应杀毒功能的软件。这类软件技术发展往往是被动的，带有滞后性，因此杀毒软件有其局限性，对有些变种病毒的清除无能为力。

5) 安全扫描技术

安全扫描技术与防火墙、安全监控系统协同运作，互相配合，能够增强网络环境的安全性。安全扫描工具依据其应用场景，通常可分为基于服务器和基于网络的扫描器。

(1) 基于服务器的扫描器：其设计与实现紧密贴合特定的服务器操作系统架构，专注于对服务器相关的各类安全弱点进行深度扫描。它主要扫描服务器相关的安全漏洞，如口令、文件、目录和文件权限共享文件系统、敏感服务软件、系统漏洞等，并给出相应的解决办法及建议，以助力用户及时修补安全漏洞。

(2) 基于网络的扫描器：其主要聚焦于对预设网络域内的各类网络设备，如服务器、路由器、网桥、变换机、访问服务器、防火墙等进行全面的安全漏洞扫描。此外，该类扫描器还具备模拟攻击测试的能力，能够模拟各类潜在的攻击行为，以评估目标系统的实际防御效能。为确保扫描活动的合法性与安全性，基于网络的扫描器通常会预设使用范围限制，如通过指定 IP 地址范围或限制路由器跳数等方式，来实现对扫描范围的精确控制。

6) 零信任网络

零信任网络亦称零信任架构模型，是约翰·金德维格于 2010 年提出的。该模型代表了一种先进的安全理念，其核心原则是摒弃对内部或外部任何实体自动信任的做法，要求在授权之前对所有试图访问系统的实体进行严格的身份验证。在零信任网络中，不存在默认可信的设备接口，所有用户流量均被视为不可信。由于技术高超的攻击者能够渗透网络，且内部人员可能有意或无意地对信息安全构成威胁，来自任何地理位置、使用任何设备或身份的人员访问都可能带来安全风险，因此，零信任架构被视为当前网络环境对安全性的最新且严格要求，要求对所有人员实施严格的访问控制和全面的安全审查。通过零信任网络，网络安全专家能够利用多个并行交换机制，实现网络的有效分段与增强的安全防护，从而确保达到合规标准。此外，该架构还支持对网络的集中管理，可以提高系统整体的安全性和运营效率。

7) 密码技术

密码技术是保障网络空间数据安全的核心技术，也是网络保密的基石。该技术不仅具备对涉密信息进行加密的能力，还涵盖了身份认证、验证机制、数字签名以及系统安全等多方面功能。密码技术的运用可以保证数据信息的机密性，能有效防止数据遭窃或篡改，从而维护网络空间的整体安全。密码技术主要分为以下几类：

(1) 对称加密技术：亦称单钥密码体系。在此体系中，信息的发送方与接收方共享一个密钥，即对称密钥或会话密钥，该密钥既用于加密过程，也用于解密过程。典型的对称加密算法包括 DES、3DES、IDEA、RC4、RC5 及 AES 等。

(2) 非对称加密技术：需使用一对密钥，即加密密钥与解密密钥。这对密钥相互依存，其中任一密钥加密的信息仅能被另一密钥解密。根据密钥性质，其中一个密钥公开，称为公钥；另一个密钥私密保存，称为私钥。公钥常用于数据加密或签名验证，而私钥则用于数据解密或生成数字签名。常用的非对称加密算法有 Diffie-Hellman、RSA、ELGamal、DSA 及 DSS 等。

(3) Hash 函数：又称散列函数或杂凑函数，是一种从明文到密文的不可逆映射机制。它通过单向运算将任意长度的信息转换为固定长度的 Hash 值(散列值或哈希摘要)，该值具有不可预测性、不可逆性及唯一性。对于需保密的数据，可利用 Hash 函数生成唯一性的散列值指纹，从而有效防止数据篡改。常见的 Hash 算法包括 MD2、MD4、MD5、SHA

系列及 HAVAL 等。

(4) TLS 技术：TLS 即传输层安全(Transport Layer Security)协议，为互联网通信提供安全性与数据完整性保障，确保通信应用程序间的隐私及数据完整性。TLS 广泛应用于浏览器、邮箱、即时通讯、互联网电话及网络传真等方面。TLS 由记录协议与握手协议组成，前者基于传输控制协议(TCP)，利用 AES 或 RC4 等算法对传输数据进行加密，每次传输使用不同密钥，确保传输私密性；后者位于记录协议之上，负责服务器与客户端间的相互认证、加密算法及密钥协商，具有节点认证、防止中间人窃听及篡改协商信息的能力。

(5) VPN 技术：VPN 即虚拟专用网络(Virtual Private Network)，是一种在不可信公共网络上实现不同地理位置专用网络安全通信的技术。VPN 的核心在于利用加密隧道协议构建隧道，封装上层数据进行传输，从而利用公共网络架构传递内部通信信息。VPN 通过加密隧道保证信息保密性、身份验证阻止身份伪造及完整性检验应对信息篡改，提供三重保护。目前，VPN 使用的隧道协议包括 PPTP、L2TP、IPSec 及 SSL 等，分别工作于 OSI 模型的不同层次，满足企业内部通信的安全需求。

2. 管理手段

网络安全保密问题实质上是一个多维度、深层次的综合性管理问题，其复杂性和重要性要求我们必须构建一套全面而严谨的安全管理规范体系。

1) 构建人员安全管理机制

人员安全管理是网络安全管理的基础，旨在确保所有涉及网络操作的人员均具备相应的安全意识和能力。具体而言，需建立健全以下制度：

(1) 安全审查制度：对所有接触敏感信息或关键系统的人员进行严格的背景调查和安全审查，确保其无不良记录，并符合既定的安全标准。

(2) 岗位安全考核制度：将安全职责纳入员工绩效考核体系，定期评估员工在遵守安全政策、执行安全操作等方面的表现，以激励员工提升安全意识。

(3) 安全培训制度：定期组织安全培训，涵盖最新的安全威胁、防御策略、法律法规等内容，确保员工知识更新，技能提升。

2) 强化系统运行环境安全管理

系统运行环境的安全性直接关系到网络服务的稳定性和数据的完整性。因此，需建立以下管理制度：

(1) 机房环境管理制度：确保机房的物理安全，包括门禁管理、温湿度控制、消防系统等，以防范物理入侵和自然灾害。

(2) 自然灾害防护机制：制定针对地震、洪水、火灾等自然灾害的应急预案，确保在灾害发生时能够迅速响应，保护设备和数据安全。

(3) 电磁波与磁场防护策略：对关键设备采取电磁屏蔽措施，防止外部电磁波干扰，确保系统稳定运行。

3) 完善应用系统运营安全管理

应用系统作为网络服务的核心，其安全性至关重要。需建立以下管理制度：

(1) 操作安全管理：制定详细的操作规程，确保所有操作均符合安全标准，减少人为误操作带来的风险。

(2) 操作权限管理：实施基于角色的访问控制，根据员工的职责和需要分配最小必要权限，防止权限滥用。

(3) 操作规范管理：建立操作日志审计机制，记录所有重要操作，以便追踪和审计，及时发现并纠正异常行为。

(4) 应用软件维护安全管理：定期更新应用软件，修复已知漏洞，同时实施严格的软件安装和配置变更管理，确保软件环境的稳定和安全。

综上所述，建立健全的网络安全管理规范体系需要从人员、环境、应用等多个维度出发，形成一套全面、系统的安全管理体系，以有效应对日益复杂的网络安全挑战。

3. 宣传教育

网络的安全防范是一项综合性的任务，它不仅依赖于先进的技术手段和管理策略，还需要在法律、道德以及个人意识层面进行全面提升。

1) 强化法治宣传教育与法律意识构建

在网络安全的防护体系中，法治宣传教育扮演着至关重要的角色。它旨在通过广泛而深入的普法活动，提升全社会的网络安全法律意识与安全素养。

(1) 法治宣传教育的深化：利用多元化渠道，如社交媒体、在线教育平台、公共讲座等，广泛传播网络安全管理相关的法律法规，如网络安全法、个人信息保护法等，确保公众对网络安全法律框架有清晰的认识。

(2) 法律意识与责任感的提升：通过案例分析、法律解读等形式，让公众了解网络安全违法的严重后果，从而增强其自觉遵守网络安全法律法规的自觉性和责任感。

(3) 安全意识文化的培育：将网络安全教育纳入国民教育体系，从小培养学生的网络安全意识，形成全社会共同关注、共同维护网络安全的良好氛围。

2) 提升网络安全管理者的风险意识与技术能力

网络安全管理者作为网络防护的第一道防线，其风险意识和技术能力的强弱直接影响到网络安全防护的效果。

(1) 风险意识的增强：通过专业培训、案例分享等方式，使网络安全管理者深刻认识到网络安全风险的严峻性和复杂性，从而在思想上时刻保持警惕，做到防患于未然。

(2) 技术能力的提升：组织定期的网络安全技术培训，涵盖最新的网络攻击手段、防御策略、应急响应等方面，确保网络安全管理者能够熟练掌握并运用各种网络安全技术和工具，提升网络防护的实战能力。

(3) 安全策略的持续优化：鼓励网络安全管理者根据最新的威胁情报和技术发展趋势，不断评估和优化现有的网络安全策略，确保安全防护体系的时效性和有效性。

综上所述，网络的安全防范需要法律、道德、个人意识与技术手段等多方面的协同努力。通过强化法治宣传教育、提升网络安全管理者的风险意识与技术能力，可以构建一个更加安全、稳定的网络环境。

5.3.3　网络安全事件应急处置方法

网络安全事件是由单个或一系列非预期且有害的信息安全事件所构成的集合，这些事件可能对业务运营造成显著影响并严重威胁信息资产的安全。作为任何组织整体信息安全战略的一个关键环节，采用一种系统化、规范化的方法来应对此类事件显得尤为关键。

1. 计算机病毒事件

1) 判定方法

(1) 硬盘容量分析：某些病毒通过自我复制机制占用大量硬盘空间，因此，监测硬盘容量变化可作为初步判断病毒感染的依据。

(2) 进程监控：利用任务管理器等工具，检查系统中是否存在异常或未知进程，这些进程可能是病毒运行的表现。

(3) 注册表审查：病毒通常会修改注册表键值，以篡改系统默认设置，如主页、搜索引擎等，通过对注册表的细致检查，可以发现这些异常更改。

(4) 内存占用分析：病毒运行可能占用大量系统内存资源，导致系统性能下降，通过对内存占用情况进行的监测，可以识别潜在的病毒活动。

(5) 启动项检查：病毒可能修改磁盘引导信息或启动项配置，阻止系统正常启动，对启动项进行全面检查有助于发现此类问题。

(6) 系统日志审计：系统日志记录了系统中硬件、软件问题及安全事件的详细信息，通过分析系统日志，可以追踪病毒活动的轨迹。

(7) 文件链接验证：病毒可能修改文件链接，导致文件无法访问，检查文件链接的完整性是识别病毒感染的另一途径。

2) 处理流程

(1) 网络隔离：一旦发现病毒，立即断开受感染系统的网络连接，防止病毒扩散。

(2) 数据备份：迅速备份重要文档、邮件等数据，以防病毒破坏或加密导致数据丢失。

(3) 初步杀毒：在受感染的系统环境下运行杀毒软件，进行初步扫描和清除，但需注意，此步骤可能受限于病毒的活动性。

(4) 深度杀毒：使用干净的系统启动盘启动系统，并在该环境下进行彻底的病毒扫描和清除，以避免带毒环境对杀毒效果的干扰。

(5) 系统恢复：若杀毒无效，可考虑使用 Ghost 备份或分区表、引导区备份进行系统恢复，以恢复到病毒感染前的状态。

(6) 密码更新：处理完病毒后，及时更改所有与网络相关的密码，增强口令强度，防止病毒通过已泄露的凭据再次入侵。

通过上述判定方法和处理流程，可以更有效地识别、应对计算机病毒事件，保障信息系统的安全与稳定运行。

2. 蠕虫事件

1) 判定方法

(1) 邮件审查：攻击者常利用邮件附件作为蠕虫传播的媒介，因此需对邮件及其附件进行细致审查。

(2) 服务器检查：针对网站服务器进行深度检查，以防蠕虫藏匿于服务器内部并篡改网页文件，进而感染访问该网站的计算机。

(3) 文件扫描：利用杀毒软件或手动方式检查文件，以发现可能隐藏的蠕虫。

(4) 数据完整性验证：检查关键数据文件是否丢失或受损，蠕虫攻击可能导致数据丢失或损坏。

(5) 漏洞评估：对系统进行缓冲区溢出漏洞评估，因为缓冲区溢出是蠕虫攻击的常见手段。

(6) 检测技术运用：采用先进的检测技术，如特征码匹配、行为分析、蜜罐等，以识别蠕虫的存在。

2) 处理流程

(1) 网络共享禁用：立即取消所有不必要的网络共享，以减少蠕虫的传播途径。

(2) 邮件清理：删除所有来自未知来源或包含可疑附件的邮件。

(3) 系统漏洞修补：及时修补所有已知的系统漏洞，以防止蠕虫利用这些漏洞进行攻击。

(4) 防火墙配置：配置防火墙以禁止除服务端口外的其他端口通信，切断蠕虫的传输和通信通道。

(5) 入侵检测与定位：利用入侵检测系统(IDS)找到蠕虫所在位置，并立即进行删除。

(6) 程序关闭与删除：删除或关闭蠕虫所依赖的程序，以切断其传播载体。

(7) 服务器恢复：如果服务器受到蠕虫感染，应立即启用备份服务器，并对受感染的服务器进行格式化处理，再将数据从备份服务器恢复回来。

3. 木马事件

1) 判定方法

(1) 端口扫描：感染木马病毒后，计算机的一个或多个网络端口可能被非法打开，供黑客远程访问。

(2) 账户审计：恶意攻击者常通过克隆账户来控制目标计算机，具体手法包括激活系统中的默认账户，并利用工具将其权限提升至管理员级别。

(3) 引导区检查：木马病毒可能隐藏在系统引导区，随系统启动而自动执行，或更改文件名以逃避检测。

(4) 代理服务检测：部分木马会启用 HTTP、SOCKET 等代理服务功能，以进行数据传输或远程控制。

(5) 网络流量分析：下载型木马会秘密下载其他病毒程序或广告软件，用户可通过关闭不必要的网络应用，观察网络流量异常来发现木马。

(6) 系统配置审查：注册表、配置文件、驱动程序等是木马常用的隐蔽藏身之处，需进行仔细检查。

2) 处理流程

(1) 禁用未知服务：检查并关闭可能由木马病毒开启的未知服务，阻止其运行。

(2) 账户锁定与删除：检测到非法账户后，立即锁定并删除，防止其进一步控制计算机。

(3) 安全防护产品部署：使用杀毒软件清除木马病毒，同时启用防火墙拦截恶意数据包。

(4) 注册表清理：删除与木马病毒相关的注册表项，消除其留下的痕迹。

(5) 启动项管理：删除木马病毒的启动文件，防止其随系统启动而自动运行。

(6) 系统升级与漏洞修补：及时更新系统补丁，修复已知的安全漏洞，提高系统防御能力。

(7) 系统重装：若上述措施均无法彻底清除木马病毒，则考虑重装操作系统以恢复系统安全。

4. 僵尸网络事件

1) 判定方法

(1) 网络流量与带宽监测：僵尸网络常发动 DoS/DDoS 攻击，通过控制僵尸主机在短时间内向目标主机发送大量连接请求，从而耗尽带宽资源和目标主机资源，导致目标主机无法响应合法用户的请求。

(2) 邮件发送行为分析：僵尸网络的另一种常见行为是大量发送垃圾邮件，因此，监测计算机是否存在异常邮件发送行为是判断其是否成为僵尸网络的关键。

(3) DNS 查询监控：僵尸网络在发动攻击时会产生大量异常的 DNS 查询请求，对这些请求进行监控有助于发现潜在的僵尸网络活动。

(4) 端口监控：僵尸网络会操纵僵尸主机开启大量端口以进行通信和控制，因此，监控端口的开启情况也是判断僵尸网络存在与否的重要手段。

2) 处理流程

(1) 扫描与隔离 Web 站点：利用 Web 过滤服务对 Web 站点进行扫描，发现异常行为或已知恶意活动后，立即将这些站点隔离，以防止其继续传播恶意代码。

(2) 更换浏览器：由于僵尸网络往往针对特定浏览器进行攻击，因此，在检测到僵尸网络后，更换浏览器可以降低受害风险。

(3) 禁用脚本：僵尸网络常利用脚本进行攻击，因此，在紧急情况下，可以采取禁用脚本的措施来快速遏制僵尸网络的扩散。

(4) 部署防御系统：采用入侵检测和入侵防御系统(IDS/IPS)对网络进行实时监控，发现具有僵尸网络特征的活动后立即进行阻止。

(5) 使用补救工具：对于已经感染僵尸网络的计算机，使用专业的补救工具进行清理，以消除隐藏的 rootkit 等恶意软件感染。

(6) 隔离网络：在确认计算机感染僵尸网络后，应立即断开其网络连接，以防止未感染的计算机受到进一步感染。

5. 网页内嵌恶意代码

1) 判定方法

(1) 审查脚本程序：检查 JavaScript、Applet、ActiveX 等脚本程序是否被篡改，以识别对 IE 浏览器、页面文件、默认主页、标题栏按钮、非法链接及弹出页面的恶意修改。

(2) 监控磁盘容量：观察磁盘容量变化，以检测恶意页面可能下载的大量文件，包括潜在的格式化磁盘的恶意代码。

(3) 分析网络流量：分析网络流量，识别恶意页面非法下载内容导致的流量异常。

(4) 审查注册表：检查注册表是否被恶意代码修改，包括主页、默认搜索引擎等关键设置。

(5) 应用检测技术：采用基于特征码、启发式、行为式的检测技术，以识别页面中的恶意代码。

2) 处理流程

(1) 升级浏览器与修补漏洞：升级浏览器版本，修补已知漏洞。

(2) 部署网络防火墙：安装并配置网络防火墙，阻止与恶意网页的连接。

(3) 清理注册表：删除恶意代码在注册表中留下的特殊 ID 及非法链接主键，恢复默认设置。

(4) 删除脚本依赖程序：找到并删除网页脚本所依赖的程序。

(5) 修复手工代码：通过网页代码审查与手动修复，清除恶意代码。

(6) 服务管理：查看并关闭可能被木马病毒开启的服务，以阻止其运行。

6. 拒绝服务攻击事件

1) 判定方法

(1) 监控 CPU 负载：检查 CPU 负载，识别攻击者发送的大量连接请求导致的 CPU 满负荷运转。

(2) 检查内存：观察内存资源使用情况，识别恶意程序导致的内存耗尽。

(3) 测试网络连接性：检测服务器是否被攻击者伪装成合法用户 IP 欺骗，导致与合法用户的连接断开。

(4) 监控网络带宽：分析网络带宽的使用情况，识别攻击者利用简单带宽传输大量数据导致的带宽耗尽。

2) 处理流程

(1) 阻断攻击流量：从网络流量中识别并阻断攻击流量。

(2) 部署防护工具：在网络边界部署防护工具，阻断内外不同类型的拒绝服务攻击。

(3) 修补漏洞：针对语义类型的拒绝服务攻击，通过修补系统漏洞来解决。

7. 后门攻击事件

1) 判定方法

(1) 启动项检查：审查系统启动项，识别可疑的启动服务和路径。

(2) 端口监听：使用 DOS 命令监听本地开放端口，检测反向连接的后门。

(3) 文件 MD5 值比对：对照系统文件的 MD5 值，识别被修改的系统文件。

2) 处理流程

(1) 管理端口：关闭本机不用的端口或限制指定端口访问。

(2) 关闭服务：关闭不必要的服务，减少潜在攻击面。

(3) 监控进程：注意系统运行状况，终止不明进程。

(4) 安装安全工具：使用安全工具，安装并配置防火墙。

8. 漏洞攻击事件

1) 判定方法

(1) 应用漏洞检测工具：使用常见的防护软件(如金山毒霸、瑞星防火墙、360 安全卫士等)进行漏洞扫描检测。

(2) 模拟攻击测试：对目标主机系统进行常见漏洞攻击测试(如弱口令测试)，验证漏洞存在性。

(3) 开放端口监控：攻击者可能扫描端口信息以查找漏洞，因此需监控开放端口。

2) 处理流程

(1) 修复系统漏洞：修复已知系统漏洞，更新软件补丁。

(2) 升级系统：升级操作系统、中间件、数据库等软件版本，以减少漏洞。

(3) 启用防火墙：启用防火墙，及时拦截利用协议漏洞的远程恶意请求。

(4) 关闭漏洞服务：关闭存在漏洞的服务，以减少攻击面。

(5) 修改配置信息：修改配置信息，设置安全选项，提高系统安全性。

(6) 加强访问控制：加强访问控制策略，限制不必要的访问权限。

(7) 开放端口管理：关闭或屏蔽不必要的开放端口。

9. 信息篡改事件

1) 判定方法

(1) 人工对比分析：通过人工手段对比被检测信息与原始样本内容，若存在差异，则判定为内容被篡改。

(2) 数据签名验证：针对已签名的数据，通过验证其签名完整性，判断数据是否遭受篡改。

(3) 文件修改时间审计：检查数据文件的修改时间记录，若用户在相关时间段内未进行合法修改，则可能表明发生了数据篡改事件。

2) 处理流程

(1) 停用篡改数据：立即停止使用被篡改数据的应用，并启用相应的备份数据。

(2) 恢复数据：使用数据恢复工具对被篡改的数据进行恢复。

(3) 恢复设置：对于网页等内容的篡改，可通过修改注册表恢复默认设置，如主页等。

(4) 找回与加固账号：通过身份验证找回被篡改的账号，并加强账号的口令复杂度与安全性。

(5) 更新密钥与加密：及时更新密钥，重新对数据进行签名，并采用更复杂的加密技术进行保护。

10. 网络扫描窃听事件

1) 判定方法

(1) IP 请求分析：当连续相同源地址的 IP 请求连接记录超过预设阈值时，视为潜在的网络扫描行为。通过对可疑 IP 地址的特定时间段内所有连接记录进行分析，以发现网络扫描活动。

(2) 端口连接监控：入侵者通过扫描目标主机的开放端口来寻找漏洞，因此频繁与主机端口建立连接是扫描行为的重要特征。通过监控端口连接数量，可检测网络扫描行为。

(3) 带宽占用检查：目标主机被大量带宽占用，表明该主机很有可能正在被监听。

2) 处理流程

(1) 关闭闲置端口：关闭闲置及存在潜在危险的端口。

(2) 屏蔽端口：当检测到端口扫描行为时，立即屏蔽该端口。

(3) 部署防火墙：使用防火墙进行网络访问控制，防止未经授权的扫描与窃听行为。

11. 网络钓鱼事件

1) 判定方法

(1) 网站备案查询：无法查询到备案信息的网站可能是钓鱼网站。

(2) 邮件内容分析：

① 邮件内容审查：钓鱼邮件通常要求受害者提供个人信息。

② 钓鱼网站内容比对：钓鱼网站会模仿被仿冒对象的内容，涉及虚假抽奖、中奖等活动。

③ 其他内容检查：钓鱼网站在域名、商号、标识等方面与被仿冒对象高度相似，以增加误导性。

(3) 安全证书验证：正规大型网站通常拥有非自签名的可信安全证书，且网址以"https"开头。

2) 处理流程

(1) 关闭浏览器：立即关闭访问钓鱼网站的浏览器。

(2) 查杀木马：使用安全软件清理并查杀木马病毒。

(3) 修改账号密码：修改可能泄露的账号密码。

(4) 举报钓鱼网站：向相关部门举报钓鱼网站。

(5) 报警处理：情节严重时，立即向公安机关报案。

12. 干扰事件

1) 判定方法

(1) Wi-Fi 性能测试：通过测试上传速度、下载速度以及 ping 测试，评估 Wi-Fi 速度和信号强度。使用无线信号分析器进一步测试 Wi-Fi 信号强度，以区分正常的网络拥塞与干扰攻击。

(2) 载波侦听时间分析：获取并分析载波侦听时间的分布特性，当出现干扰攻击时，该特性会发生变化。

(3) 网络数据包监控：使用嗅探工具(如 kismet、wireshark)监控网络数据包，检测验证洪水攻击、关联洪水攻击、射频干扰攻击等常见的干扰攻击。

2) 处理流程

(1) 干扰识别：对附近的 Wi-Fi 设备进行分析，识别干扰源及分析干扰产生的原因。

(2) 信道切换：切换到另外的安全信道，尽量选择频段不相邻的正交信道；

(3) 空间退避：若切换信道后干扰仍存在，则移动至干扰区域外，保持网络连通性。

13. 假冒事件

1) 判定方法

(1) 分析 IP 地址：攻击者在假冒他人发布信息时，可能会泄露其 IP 地址。若该 IP 地址来源不明或与预期不符，则可视为身份假冒的线索。

(2) 审查通信记录：通过检查相关当事人与疑似假冒者的通信记录(如 QQ 聊天记录、

邮件等)，分析是否存在诈骗行为。

(3) 向被冒用者核实：对可疑信息保持警惕，并及时向被冒用者求证，以确认信息的真实性。

2) 处理流程

(1) 紧急通知：通过安全渠道及时通知所有认识的人，防止假冒者实施进一步诈骗。

(2) 账户更新与强化验证：更新个人账户信息，加强身份验证措施，防止攻击者继续冒用身份。

(3) 个人信用查询与配合调查：查询个人身份证是否有违法记录或不良信用记录，如有，则积极配合相关部门追查冒用者并追究责任。

(4) 公共部门管理加强：呼吁公共部门加强个人信息管理，严防个人信息倒卖等事件发生，并依法追究涉嫌信息买卖的责任人。

(5) IP 地址追踪与身份判别：根据 IP 地址追踪冒用者位置，并通过假冒通信内容初步判别攻击者身份信息。

(6) 法律维权：如已掌握冒用者身份，应依法起诉，维护自身合法权益，防止危害扩大。

14. 信息泄露事件

1) 判定方法

(1) 垃圾信息频繁接收：经常收到垃圾短信或邮件。

(2) 骚扰电话增多：频繁接到推销产品或骚扰电话。

(3) 银行账户异常：被冒名办理银行卡或信用卡，或账户钱款丢失。

(4) 卷入不相关案件：突然卷入与自己不相关的案件或事故。

(5) 个人名誉受损：个人名誉无故受到损害。

2) 处理流程

(1) 停用账号：一旦发现个人信息泄露，应立即停止使用相关账号，以防止信息进一步泄露。

(2) 更改密码：立即更改重要账号密码，特别是与银行账号、密码等关联的信息，以防止经济损失。

(3) 收集证据：记录诈骗信息来源(如电话、邮箱等)，保留违法证据。

(4) 报警与备案：及时报警并通知警方备案，以便警方将相似情况一并处理。

(5) 法律维权：如得知信息泄露渠道或其他线索，可通过法律手段维护自身权益。

(6) 提醒亲友：及时提醒身边的亲朋好友注意防范诈骗，特别是个人信息可能包含亲友联系方式的情况。

5.4 应用系统安全

一个安全的应用系统应当实现六个核心安全目标：进不来——要确保非法用户不能进入系统；拿不走——即便非法用户进入了系统，也要保证他不能访问系统数据；看不懂——即使非法用户拿走了数据，也要保证他看不懂内容；改不了——即使非法用户看到了内容，也要保证它不能对信息进行篡改；跑不掉——即使非法用户对内容进行了改动，也要保证能及时发现他的入侵行为；可审查——即使非法用户完成了网络入侵，也要保证能对其行为进行记录，为法律追踪提供依据。

5.4.1　访问控制技术

作为一种关键的信息安全机制，访问控制技术旨在防范对各类系统资源的非法访问，确保计算机系统在其合法授权范围内运行。它是确保系统机密性、完整性、可用性及合法使用性的重要基石，同时也是网络安全防护与资源保护策略的核心组成部分。该技术包含三个关键要素：主体(Subjects)、客体(Objects)以及访问控制策略(Access Control Policies)。

(1) 主体：在访问控制模型中，主体是指发起访问请求、执行系统操作的实体。这些实体可以是用户、应用程序、服务进程、智能设备等。主体通常需经过身份验证和授权流程，方能获取对系统资源的访问权限。

(2) 客体：客体是访问控制模型中被访问或操作的对象，涵盖了系统中的各种资源。这些资源可以是文件、数据库记录、网络服务、系统设备等。客体通常具有一定的安全属性，这些属性决定了其可被哪些主体访问以及访问的权限级别。

(3) 访问控制策略：这是访问控制技术的核心，它明确了哪些主体在何种条件下可以访问哪些客体。访问控制策略的制定需基于系统的安全需求，并遵循最小权限原则和职责分离原则。策略的实现可能涉及自主访问控制、强制访问控制、基于角色的访问控制等多种机制。

此外，访问控制技术还需考虑审计与监控功能，以记录和分析主体对客体的访问行为，及时发现并响应潜在的安全威胁。通过综合运用这些技术和原则，访问控制技术能够有效地保护系统资源免受非法访问和损害，确保系统的安全稳定运行。

5.4.2　数据加密技术

数据加密是目前保障数据和重要信息安全与完整的重要手段之一，也是应用最为广泛的技术之一。数据加密是将一组信息通过加密算法以及密钥的转换，变成一组毫无规律可言的信息集合(密文)，用户在接收到该信息后，通过解密算法得到原本的信息组合，即明文。数据加密技术的核心是密钥，而密钥是一串乱数或者随机序列，极难通过暴力破解的手段获得该密钥内容。在常规的密钥方式中，收发双方采取的为同一密钥的方式，如 DES、Triple DES、RC5 等。尽管这种密钥方式有较高的抵御破解攻击能力，在很大程度上能够满足用户的保密需求，但在实际应用中由于其密钥需要经过传送，从而给密钥的管理留下了隐患。公钥密钥是采用收发密钥区分的方式进行加密，从而使得攻击方很难获取密钥之间的关联信息，实现互相转换。该方法具有开放性、管理简捷的特性，但同时也具有计算量大、加密及解密效率较低等缺点，如 RSA、McEliece、Rabin、ElGamal、离散对数、椭圆曲线等，其中以 RSA 的算法应用最为广泛。

从数据通信传输的角度来划分，可分为链路加密、节点加密以及端到端加密。链路加密的方式为更加侧重于对信息传输的相关链路进行加密操作，即对节点 A、B、C，在节点

A 上进行加密，节点 B 上使用 A—B 链路密钥进行解密，并用 B—C 链路密钥进行再次加密，以此类推，从而达到隐藏起点和目标地址、防范通信业务供给分析的目的。然而，链路加密对网络传输的性能要求较高，也缺乏一定的可管理性和完整性。另外，链路加密中数据信息是以明文的方式进行传输的，这就要求各个节点具有高安全性，从而带来了较高的运维成本；节点加密类似于链路加密，但其数据信息是以密文的形式在相关通道上进行传输的，而路由地址以及报头是以明文的方式传送的，便于提高节点处理数据信息的效率，这也带来了通信防范的脆弱性；端对端加密是将数据信息从起点到目标地址的整个通信过程中以密文的方式实现传送，即在其间任何一个节点上不允许进行解密处理。鉴于此，端对端方式具有相对较低的成本、更加安全的传输质量以及更加合理的运维管理成本。但与节点加密相同的是，端对端加密也是以目标地址协助中间节点进行传输并提高通信效率，从而对通信攻击具有较低的防御能力。

5.4.3　数字签名技术

数字签名是一种新型的、不同于传统手写签名而以电子形式传输或存储的消息签名的方式。数字签名技术在信息安全，包括身份认证、数据完整性、不可否认性及匿名性等方面，特别是在计算机网络安全、电子政务和电子商务中都起着非常重要的作用。

为了规范电子签名行为，确立电子签名的法律效力，维护有关各方的合法权益，第十届全国人民代表大会常务委员会第十一次会议于 2004 年 8 月 28 日通过了《中华人民共和国电子签名法》，并于 2005 年 4 月 1 日起施行。当前版本为 2019 年 4 月 23 日第十三届全国人民代表大会常务委员会第十次会议修正。

所谓数字签名，就是指一种能为接收者验证数据完整性和确认数据发送者身份，并可由第三方确定签名和所签数据真实性的算法方案。数字签名方案普遍都是基于某个公钥密码体制，签名者用自己的私钥对消息进行签名，验证人用相应的公钥对签名进行验证。从表面上看，数字签名与公钥加密是用密钥的顺序不同。实际上，数字签名与公钥加密一样也是用单向陷门函数确保其安全性。本质上，大数分解困难问题和离散对数困难问题等各种计算困难问题的存在是安全的数字签名方案存在的根本。数字签名方案通常包括三个主要过程：系统初始化过程、签名产生过程和签名验证过程。系统的初始化过程产生数字签名方案用到的一切参数；签名产生过程中，用户利用给定的算法对消息产生签名；签名验证过程中，验证者利用公开的验证方法对给定的消息的签名进行验证，得出签名是否有效的结论。

数字签名技术可以解决伪造、篡改、冒充、抵赖等问题，其功能主要表现在以下六个方面：

(1) 机密性。数字签名中报文不要求加密，但在网络传输中，可以将报文信息用接收方的公钥进行加密，以保证信息的机密性。

(2) 完整性。数字签名与原始文件或其摘要一起发送给接收者，一旦信息被篡改，接收者可通过计算摘要和验证签名来判断该文件无效，从而保证数据的完整性。

(3) 身份认证。在数字签名中，用户的公钥是其身份的标志，当其使用私钥签名时，如果接收方或验证方用其公钥进行验证并获通过，那么可以肯定签名人就是拥有私钥的那个人，因为私钥是签名人唯一知道的秘密。

(4) 防伪造。除签名人外，任何其他人不可能伪造消息的签名，因为签名密钥即私钥只有签名者自己知道，其他人不可能构造出正确的签名数据。

(5) 防抵赖。数字签名既可作为身份认证的依据，也可作为签名者签名操作的证据防止抵赖。要防止接收者的抵赖，可以在数字签名系统中要求接收者返回一个自己签名的表示收到的报文，给发送者或受信任第三方。如果接收者不返回任何信息、此次通信可终止或重新开始，签名方也没有任何损失，则双方均不可抵赖。

(6) 防重放攻击。如在电子商务中，公司 A 向公司 B 发送一份商品订单，如果有攻击者中途截获订单并发送多份给公司 B，这样会导致公司 B 以为公司 A 订购了多批商品。在数字签名中，通常采用对签名报文加盖时间戳或添加处理流水号等技术，来防止这种重放攻击。

5.4.4　日志审计

在信息系统的架构中，日志系统扮演着至关重要的角色，它负责记录系统产生的所有行为，并按照某种规范表达出来。例如：IPC 探测行为会被记录在安全日志中，详尽记录探测者的 IP 地址、用户名及时间等信息；FTP 探测则会在 FTP 日志中留下相应痕迹。系统服务的启动与停止亦会被日志系统所记录。鉴于攻击者可能篡改或删除操作日志，确保日志文件的完整性和准确性显得尤为关键。日志系统作为安全审计的核心工具，对于系统排错、性能优化及行为调整具有重要意义。

随着网络应用的普及，网络设备和流量的增加会导致数据过载与检测速度过慢的问题。目前在日志审计的过程中存在一些问题，如误警率和漏报率比较高，海量的日志使得审计系统很难高效地完成整个审计过程，特征检测基于预先定义的模式就意味着调整检测模式的适应性会不高，设备和系统的差异导致日志格式很难统一等。

为解决上述问题，业界提出了多种日志审计数据分析方法，旨在研发高效的分析技术并商业化应用。这些方法各具优缺点，关键在于融合各种技术的优势，探索新的审计分析路径。目前常见的方法主要有以下几种：

(1) 专家系统：广泛应用于 MIDAS、IDES 和 NIDES 等检测模型中，如 Alan Whitehurst 设计的 P-BEST。该方法实现了推理控制与问题解答的分离，但处理海量数据时效率受限，且仅适用于已知攻击模式。

(2) 状态转移法：采用优化模式匹配技术处理误用检测问题，通过状态及状态转移表达式描述已知模式。其优势在于处理速度快、系统灵活，但手工编码烦琐、性能不高，且对未知异常无能为力。

(3) 神经网络技术：利用自适应学习提取异常行为特征，通过训练建立正常行为模式。神经网络由大量的处理单元组成，单元之间通过带有权值的连接进行交互。此方法常应用于网络日志安全审计，能够非参量化统计分析，不足之处在于网络结构不稳定导致它对异常事件的判断没有任何解释和说明。

(4) 基于免疫系统的技术：借鉴生物免疫系统的特性，检测未知病原体。此方法常用于网络日志安全审计，通过此方法可以检测网络中的异常，但并非能检测出所有的异常行为。

(5) 基因算法：引入进化论中的优胜劣汰理念优化系统及异常检测，但对于多种并发异常检测能力不足，审计记录定位困难。

(6) 基于 Agent 的技术：在网络中执行特定监视任务的软件实体，自主运行于目标机器。该方法综合运用误用检测与异常检测，可弥补各自缺陷。

(7) 基于数据挖掘的技术：从海量数据中提取感兴趣知识，适用于日志审计系统。目前，网络流量急剧膨胀，导致日志审计数据也以惊人的速度增长。在海量的信息背后隐藏着很多有用的信息，人们希望通过数据挖掘技术来分析这些信息，从而提取出感兴趣的部分。

第 6 章　信息安全与隐私保护技术

在信息时代的浪潮中，信息安全与隐私保护技术扮演着至关重要的守护角色。本章将深入剖析这些关键技术，从信息隐藏的巧妙机制到加密技术的坚不可摧，从身份认证的严格校验到隐私保护的全面策略，每一环节都是构建安全网络空间的基石。此外，本章还将探讨信息安全与隐私保护技术如何相互协作，形成一道道防线，有效抵御未授权访问和信息滥用等安全威胁。同时，针对人工智能、物联网和大数据等新兴技术的快速发展，本章将深入探讨如何适应和创新隐私保护的方法，以应对新的挑战，确保个人信息的安全性和私密性得到切实维护。

6.1　信息内容安全

6.1.1　基本概念

信息内容安全是信息安全领域的一个重要分支。随着网络技术的发展和信息化进程的深化，信息安全的内涵不断丰富，不仅涉及国家秘密、军事秘密等敏感领域，还囊括了商业机密、个人隐私等信息内容的安全。当前，信息安全体系主要包含四个层次：物理安全、网络安全、数据安全和信息内容安全。

物理安全是指保护信息系统的软硬件设备、设施及其他载体免遭自然灾害(如地震、水灾、火灾等)、人为破坏、操作失误以及计算机犯罪行为的影响，其核心聚焦于计算机系统设备、通信与网络设备以及存储媒体设备的实体防护。

网络安全本质上关注于网络环境中信息的安全状态，确保信息在网络传输过程中的保密性、完整性和可用性。

数据安全是指防止数据被无意或故意行为导致的非授权泄露、篡改、破坏或非法辨识、控制和否认，确保数据的完整性、保密性、可用性和可控性得以维护。

信息内容安全则直接发生在信息的核心层面——内容层面，专注于研究如何从海量的信息中自动获取、识别和分析与特定安全主题相关的信息。和其他信息安全三个层次相比，信息内容安全更倾向于检测保护信息自身的安全。在具体的技术实现方面，鉴于网络信息量的庞大和发布来源的多样性，信息内容安全要求具备海量存储及自动处理能力。信息内容安全聚焦于与安全相关的内容分析，在处理对象、研究方法、数据吞吐量及处理结果响应速度等方面展现出独特需求。在研究方法上，信息内容安全倾向于跨学科研究，涉及特征选取、数据挖掘、机器学习、信息论和统计学等多领域知识的综合运用。

6.1.2　信息内容安全的特点

信息内容安全作为一门新兴学科，以海量网络信息内容为研究对象，具有鲜明的特点，主要包括以下几个方面。

(1) 高度综合性与跨学科性：研究内容十分广泛，涵盖了信息内容的获取、分析、辨识、管理和控制等多个方面，并延伸至法律保障、知识产权保护、隐私保护等相关问题。信息内容安全不仅融合了数据挖掘、数据存储、自然语言处理、信息过滤等计算机技术的前沿成果，还深度交织了传播学、管理学、心理学、社会科学等多学科的理论精髓。因此，对信息内容安全的研究不再局限于技术领域，而是有更广泛的理论基础和多元化的研究方向。

(2) 技术迭代迅速：这是由于当前信息技术的快速发展和安全威胁的不断变化所决定的，信息内容安全面对的是互联网上的海量信息，在海量数据中挖掘出潜在信息安全是对信息安全挖掘技术的考验。云计算、大数据、人工智能、物联网等新兴技术的蓬勃兴起，既为信息内容安全提供了创新手段与广阔空间，也引发了新的安全挑战和威胁，迫使传统安全防御机制面临失效。此外，随着相关法律法规的不断完善，企业和组织需要遵守更加严格的信息安全准则和标准，促使信息内容安全技术持续升级以适应合规性与法律要求。

(3) 道德与法律并重：信息内容安全以互联网为平台，社交媒体(如微信、抖音、微博、QQ 等)内容为研究主体。其管理实践既需依据《互联网信息服务管理办法》《非经营性互联网信息服务备案管理办法》相关法律法规，又需直面知识产权、隐私保护等伦理道德问题。因此，信息内容安全的管理与防护策略需兼顾法律约束与道德准则，确保在维护信息安全的同时，尊重并保护用户的合法权益与隐私。

信息内容安全的特点决定了其与传统信息安全的区别，需要进一步加强信息内容安全领域的相关研究，以实现互联网信息内容的健康有序发展。

6.1.3　信息内容安全的技术范畴

信息内容安全旨在分析识别信息内容是否合法，确保合法信息内容的安全，防止非法内容的传播和利用。信息内容安全的知识结构主要包括信息的获取、信息内容的处理技术和信息内容的分析与识别及管控等。

1. 信息内容的获取

信息内容的获取包括数据获取的概念、数据获取的技术和数据获取技术的应用。根据技术方法的不同，数据获取技术可分为以下三种类型。

(1) 批量型数据获取方法：典型代表为网页爬虫技术。网页爬虫作为一种自动化程序，能够依据预设规则与参数，在互联网中高效搜集网页信息，并将其转化为结构化数据进行保存。

(2) 增量型数据获取方法：主要体现为搜索引擎算法。此类方法能够动态反映互联网网页的变化，包括新增、删除、内容更新等，需要持续不断地抓取新网页或者更新已有的网页。

(3) 垂直型数据获取方法：专注于某个特定主题内容或者某个特定行业的内容，通过技术手段，在抓取阶段动态识别出网址与主题的关联性，减少无关页面的抓取。

2. 信息内容的处理技术

信息内容的处理技术包括信息内容的预处理技术与信息内容的过滤技术两个方面。

(1) 信息内容的预处理技术：针对互联网海量信息的特点，如信息量大、冗余度高、价值隐性等，预处理技术旨在将半结构化或非结构化数据转换为结构化数据，以便于计算机处理。预处理技术包括数据清洗过程、类别不平衡数据处理、特征选择等，涉及语义特征抽取、特征子集选择、特征重构和向量生成等关键技术。

(2) 信息内容过滤技术：如推荐系统所使用的算法，通过构建用户兴趣模型实现内容过滤。其中，协同过滤模型是推荐系统中广泛应用的模型之一，基于用户和产品的交互行为，建模反映用户兴趣或需求，提供个性化推荐服务。此外，内容过滤技术还可用于互联网内容管理，如防范垃圾邮件、版权保护、病毒防护等。通过采取适当的技术措施，过滤互联网不良信息，既能保护用户免受不良信息侵害，也能通过规范用户的上网行为减少病毒对网络的威胁。

随着社交媒体平台的兴起，文本智能检测过滤技术在社交媒体平台上得到了广泛应用，能够及时发现并删除违法违规信息、恶意骚扰或仇恨言论等内容，保护用户的合法权益，维护良好的社交媒体环境。

3. 信息内容的分析与识别及管控

信息内容的分析与识别及管控技术包括话题的检测与跟踪技术、社会网络分析技术、网络舆情分析技术以及开源情报分析技术等。

(1) 话题的检测与跟踪技术：该技术旨在从新闻信息中检测事件，并将其归类到不同的话题，或者创建新话题以追踪其后续发展及其与其他话题的关联性。话题的检测与追踪包括报道切分、话题跟踪、话题检测、首次报道检测和关联检测五个子任务。算法方面，如新事件识别算法，卡内基梅隆大学采用经典的向量空间模型来计算文档相似度，并使用Single-pass将输入的新闻应用聚类算法进行有序处理，每处理一篇摘要及内容不同的新闻，聚类就会有所更新。

(2) 社会网络分析技术：社会网络分析是一种基于图论、社会学、统计学等多学科交叉的研究方法，主要用于理解和研究社会结构、关系及其对社会行为、信息传播和个体间互动的影响。通过构建和分析社会网络中的节点(个体或组织)和边(关系或交互)，来揭示社会网络的模式、特征和动态。其主要技术方法包括图论方法、统计分析方法、网络模型方法和可视化技术等。例如，基于深度学习的图像网络分析技术，利用深度学习技术将网络数据转换为图像进行处理和识别，大幅提高分析效率。

(3) 网络舆情分析技术：主要涉及文本结构化与文本挖掘算法两大关键技术。文本结构化旨在将自然语言形式的非结构化文本信息转换为计算机可自动识别和理解的结构化信息，以减少信息维度并便于后续处理。文本挖掘的核心是文本聚类，通过对结构化的文本信息进行聚类分析，对文本的语义内容进行归类聚类，发现文本间相互联系与隐含信息。例如，郑锐斌等基于卷积神经网络的高校网络舆情分析与预警系统实现了数据采集、数据处理、数据可视化和高校治理等功能模块。

(4) 开源情报分析技术：是一种利用公开来源的信息进行数据收集、处理和分析的方法，旨在获取情报、了解趋势和评估风险。该技术广泛用于网络安全、情报收集、市场分析和竞争情报等领域，主要包括数据采集、数据处理、情报分析和报告与可视化四个方面。其中情报分析是根据具体需求，对处理后的数据进行深度分析，以发现其中的趋势、模式、异常等，可能涉及文本分析、图像识别、情感分析和地理空间分析等多种方法。例如，李荣等基于生成式人工智能技术 ChatGPT 在开源情报全周期视角中的利好效益，提出AIGC(Articial Intelligence Generated Content，生成式人工智能)技术的优化策略，涉及信息搜集、信息获取和信息处理等情报流程环节。

6.2　加 密 技 术

6.2.1　基础知识

加密技术作为一种信息安全技术，旨在确保数据在存储和传输过程中的机密性、完整性与可用性。其核心原理是通过特定的算法和密钥，将常规的信息转换为难以理解的密文进行传输，并在目的地使用相同或不同的算法和密钥进行解密还原。此技术包括算法和密钥两个主要元素。算法是将普通的信息或可以理解的信息与一串数字结合，产生不可理解的密文的步骤。密钥则是用来对数据进行编码和解密的一种可变参数。

加密技术按其实现形式可分为对称加密和非对称加密。

(1) 对称加密：采用同一密钥对明文进行加密和解密，常见算法有 DES(数据加密标准)、AES(高级加密标准)及 RC4 等。

(2) 非对称加密：运用公钥(公开)和私钥(私有)两个密钥进行加密与解密，常见算法有RSA(Rivest-Shamir-Adleman 算法)、ECC(椭圆曲线密码算法)等。

加密技术应用领域广泛，主要有：

(1) 电子商务：运用 RSA 等加密技术提高信用卡交易的安全性，推动了电子商务的实用化进程。

(2) 网络数据库：采用数字加密技术保障数据传递与存储的安全性，保护用户资金和交易信息。

(3) 身份认证：在计算机及网络系统中，通过加密技术进行身份验证，确保操作者具备对特定资源的访问权限。

(4) 区块链技术：利用加密技术确保信息不可篡改，一旦信息被验证并添加至某个区块，即永久存储且不可修改。

随着技术的不断发展，加密技术也面临着新的挑战和机遇，如量子计算对传统加密算法的威胁，促使研究人员关注基于量子特性的加密技术。同时，为了应对未来可能的安全威胁，多因素认证和后量子加密等新技术正受到广泛关注。

在密码学领域，明文、密文、算法和密钥是四个核心概念。

(1) 明文(Plaintext)：待加密的信息的原始形式，以可读的方式呈现，如文本、数字、图像等，需在发送或存储前进行加密。

(2) 密文(Ciphertext)：明文经过加密算法处理后的输出，对于没有相应密钥者而言不可读，旨在隐藏原始信息的内容，以防止未经授权的访问或理解。

(3) 算法(Algorithm)：一系列定义明确的步骤或规则，用于解决特定问题或执行特定计算。在密码学中，加密算法将明文转换为密文，而解密算法则将密文还原为明文，加密算法和解密算法通常是成对出现的。

(4) 密钥(Key)：控制加密算法和解密算法操作的可变参数。在对称加密中，加密和解密使用相同的密钥；在非对称加密中，加密和解密使用不同的密钥即公钥和私钥，公钥用于加密，而私钥用于解密。

密码系统的模型为 $S = \{P, C, K, E, D\}$，其中：P 代表明文空间，表示所有明文组成的集合；C 代表密文空间，表示所有密文组成的集合；K 代表密钥空间，表示所有密钥组成的集合；E 代表加密算法，由一些公式、法则或程序组成，对明文和加密密钥进行各种变换，得到密文；D 代表解密算法，输入解密密钥和密文后得到明文。

6.2.2　加密技术的发展阶段

密码学涵盖两大核心领域：一是编码学，专注于编制密码以确保信息的保密性；二是破译学，旨在通过技术手段破译密码以获取通信情报。本节主要介绍的是编码学方面的发展。随着科学技术的不断突破，加密算法与密钥性能在密码学中也在不断提升，显著增强了信息传递的安全性与保密性。

密码学的发展历程大致可分为以下三个阶段：

第一阶段：古典密码阶段(1949 年以前)。

在 1949 年之前，加密是保障数据安全的关键手段。埃及人率先采用特殊象形文字作为信息编码。随后，巴比伦、美索不达米亚和希腊等也都开始使用各种方法来保护他们的书面信息。古希腊的墓碑铭文志、隐写术等古老的加密方法已初具密码学的若干要素，但应用范围受限。

公元前 5 世纪，古希腊斯巴达出现了原始的密码器，用一条带子缠绕在一根木棍上，沿木棍纵轴方向写好明文，解下来的带子上就只有杂乱无章的密文字母。解密者只需找到相同直径的木棍，再把带子缠上去，沿木棍纵轴方向即可读出有意义的明文，这是最早的换位密码术。

朱里叶斯·凯撒是一位率先使用加密函的古代将领，在《高卢战记》里记载了他与部下所用的凯撒密码，通过将字母按顺序推后 3 位起到加密作用，密文字母(下行)与明文(上行)有如下对应关系：

a b c d e f g h i j k l m n o p q r s t u v w x y z

d e f g h i j k l m n o p q r s t u v w x y z a b c

对于明文"securemessage"，加密可得密文"vhfxuhphvvdjh"。凯撒密码通过将字母顺序推后固定位数实现加密，是一种典型的单表替代密码。单表替代密码中，一旦密钥被选定，则每个明文字母都被加密变换成对应的唯一密文字母，形成固定的映射关系。移位密码是单表替代密码的主要代表，它将英文字母向后推移 k 位，凯撒密码即密钥 $k = 3$。为了表示上的方便，可以将 26 个字母一一对应 0~25 的 26 个整数，如 a 对应 1，b 对应 2，…，y 对应 25，z 对应 0，这样移位加密变换实际上就是一个同余式：

$$c = m + k \bmod 26$$

式中：m 为明文字母对应的数，c 为与明文对应的密文的数。

随后，放射密码作为对移位密码的扩展，引入 k 和 b 两个参数，其中要求 k 与 26 互素，b 为偏移量，明文与密文的对应规则如下：

$$c = km + b \bmod 26$$

单表替代密码的特点是每一个明文字母对应的密文字母都是确定的，这种简单的一一对应关系很容易使用频率分析法进行破解，针对这个缺陷，人们提出了多表替代密码，用一系列(两个以上)代换表依次对明文消息的字母进行代换。法国密码学家于 1586 年提出的维吉尼亚密码就是一种著名的多表替代密码。设一个明文空间 M、密文空间 C、密钥空间 K 都看作是 Z_{26}^n，即明文 $m = (m_1, m_2, \cdots, m_n)$，密文 $c = (c_1, c_2, \cdots, c_n)$，密钥 $k = (k_1, k_2, \cdots, k_n)$。维吉尼亚密码一次可以加密 n 个明文字母，而在每一个分组的相同位置上的字母，使用的是一个独立的一位密码算法，即密文 $c = (c_1, c_2, \cdots, c_n) = (m_1 + k_1, m_2 + k_2, \cdots, m_n + k_n)$，如明文为 securemessage，密钥为 best，加密过程为：首先对密钥进行填充使其长度与明文长度一样，即 bestbestbestb，其次查表得加密后的密文为 tiunsiextwszf。分析维吉尼亚密码表可知，对于一个长度为 m 的密钥，其可能的取值已经有 26^m 种情况。

除此之外，二战期间广泛使用的 Enigma 转轮密码机也是一种多表替代密码，不过它采用了机械设备来使得替代过程更加复杂。

置换密码是一种通过改变原文字符的顺序来加密信息的方法。它不改变字符本身，只是将它们重新排列。置换密码的一个关键特点是，它不涉及字符的替换，而是通过改变字符的位置来隐藏信息。置换密码的密钥是一个置换，表示明文字母在密文中的排列顺序。

例如，使用密钥 $\pi = (213)$ 对明文 age 进行加密，得到密文为 gae，如果明文较长，则先按照密钥长度进行分组，再按组加密。

古典加密技术是密码学历史的宝贵财富，它们不仅是信息保密的早期尝试，也是现代加密技术发展的基石。通过研究古典密码，可以深入理解加密和解密的基本原理，如置换、替代等，这些原理至今仍然是现代密码学的核心。古典密码的局限性也激发了密码学家设计更安全算法的动力，推动了加密技术的进步。因此，古典加密技术在密码学的历史和现代实践中都占有重要地位，对密码学的发展产生了深远影响。

第二阶段：对称密码阶段(1949—1975 年)。

此阶段标志着现代密码学的兴起，以对称密码学为核心。对称密码学发展历程中的关键里程碑包括：

(1) 数据加密标准(Data Encryption Standard，DES)：由 IBM 公司的 W. Tuchman 和 C. Meyer 设计，于 1976 年被美国国家标准局(NIST 的前身)和美国国家标准协会所采纳。DES 采用替换和置换技术，成为 20 世纪 70 至 80 年代保护敏感数据的主流算法。

(2) 高级加密标准(Advanced Encryption Standard，AES)：随着计算能力的提升，对更强大加密算法的需求日益增长。1997 年，美国国家标准与技术研究院(NIST)发起了高级加密标准(AES)的竞赛，以寻找新的加密算法。经过多轮筛选，最终由比利时的密码学专家 Joan Daemen 与 Vincent Rijmen 设计的 Rijndael 算法取得了胜利，成为 AES 算法。AES 算法的发展历程是一个公开、透明的过程，它经过了广泛的国际合作和严格的评估，以其高安全性、高效率和灵活性，迅速在全球范围内得到广泛应用。

第三阶段：公钥密码阶段(1976 年至今)。

此阶段以公钥密码学的兴起为标志，公钥密码算法中公钥(加密密钥)可以公开，而私钥(解密密钥)需要保密。公钥密码学基于一些数学难题，确保很难通过公钥推导出私钥。1976 年，Diffie 和 Hellman 提出了公钥加密的概念，并设计了 Diffie-Hellman 密钥交换协议，允许在不安全环境中安全交换密钥，实现了"非对称加密算法"。1978 年提出的 RSA 算法成为广泛使用的公钥加密技术。20 世纪 80 年代及以后，公钥密码学得到进一步发展，涌现出了如 ElGamal、ECC(椭圆曲线密码学)等多种公钥加密算法，并在实际应用中得到了广泛使用。

值得注意的是，随着公钥密码学的发展，对称密码学并没有被淘汰，而是两者并存，各自在不同的应用场景中发挥着重要作用。例如，现代加密通信协议(如 TLS/SSL)通常结合使用对称加密和公钥加密，利用公钥加密来安全地交换对称密钥，然后使用对称加密来加密实际传输的数据，以实现安全性和效率的平衡。

6.2.3　对称密码

对称密码的基本原理是通过加密算法和密钥的共同作用将明文转换成密文，解密方接收到密文后，使用解密算法和相同的密钥将密文还原为明文。在对称密码体系中，密钥分发问题是最主要的挑战，如何在通信双方之间安全地共享密钥是一大难题，因为密钥在传输过程中可能被攻击者截获，从而危及通信安全。

1. DES 算法加密

DES 算法是一种分组加密算法，数据分组长度为 64 位(8 字节)，密文分组长度也是 64 位，没有数据扩展。密钥长度为 64 位，其中 56 位为有效密钥长度，剩余 8 位为奇偶校验(第 8、16、24、32、40、48、56、64 位是校验位，确保每个密钥中 1 的个数为奇数)。密钥可以是任意 56 位的数，整个算法体系是公开的，保密性依赖于密钥。DES 加密算法的过程涉及以下三个阶段。

(1) 初始置换阶段：将 64 位明文分组 M 首先进行与密钥无关的初始置换，生成两个 32 位的分组，即左半部分 L0 和右半部分 R0。这左右两部分就作为第一轮迭代的输入数据。

(2) 迭代处理阶段(轮函数处理阶段)：初始置换后的结果要经过 16 轮的迭代处理，每轮(第 i 轮，i 取值为 1～16)迭代的算法相同，但参加迭代的密钥不同。密钥共 56 位(剔除奇偶校验位)，分成两个 28 位，第 i 轮迭代用密钥 K_i 参加操作，第 i 轮迭代完成后，左右 28 位的密钥都做循环移位，形成第 $i+1$ 轮迭代的密钥。在每一轮中，明文的右半部分 R_i 与当前轮的子密钥进行异或操作，然后扩展到 48 位。扩展后的 48 位数据通过 8 个 S 盒(替代盒)进行非线性变换，每个 S 盒接收 6 位输入，输出 4 位。从 S 盒输出的 32 位数据经过 P 盒置换，重新排列为 32 位的新数据。这 32 位数据再与迭代开始时未使用的明文的左半部分 L_i 进行异或操作，然后交换 L_i 和 R_i 的角色，准备下一轮迭代。

(3) 逆置换阶段：初始置换的逆置换，在对 16 轮迭代的结果 $R_{16}L_{16}$ 再使用逆置换后，得到的结果即作为 DES 加密的密文 C 输出。

作为一种典型的对称加密算法，DES 算法曾被广泛应用于金融、通信等领域，但由于其密钥长度较短，容易受到暴力破解攻击。因此，在现代加密技术中，DES 算法的使用已经逐渐减少。

2. AES 算法加密

AES 算法规定明文分组大小为 128 bit，而密钥长度可选 128、192、256 bit，因此 AES 包含 AES-128、AES-192 和 AES-256 三个版本，提供不同级别的安全性。AES 算法在多种平台上都能高效运行，包括软件和硬件实现，且经过了广泛的安全分析和测试。AES 是在一个 4×4 字节矩阵(称为"体"或者"状态")上运行，矩阵的初始值就是一个明文区块(矩阵中一个元素单位大小就是明文区块中的一个字节)。加密时，明文块与子密钥首先进行一次轮密相加，然后各轮(除最后一轮外)AES 加密循环，均包含以下四个步骤。

(1) 字节替代：字节替代使用一个 S 盒进行非线性变换。

(2) 行移位：状态矩阵的四个行循环以字节为基本单位进行左移，每一行左移的偏移量由明文分组的大小和所在行数共同确定，即列数和行号确定。

(3) 列混合：通过矩阵相乘实现的，将行移位后的状态矩阵与固定的矩阵相乘。列混合在最后一轮不适用。

(4) 轮密相加：将列混合后的状态矩阵与轮密钥进行异或运算，轮密钥是在密钥调度过程中得到的，其长度等于分组长度。

AES 加密算法在需要高安全性和高效率的场合(如在线支付系统、电子健康记录保护、智能设备数据加密等)提供了一个可靠和高效的解决方案。例如,在 TLS/SSL 等安全协议中,AES 算法常被用作加密算法之一,用于保护客户端和服务器之间的通信安全。

6.2.4 公钥密码

公钥密码(又称非对称密码)采用密钥对来进行加密和解密操作,密钥对由私钥和公钥组成。公钥可公开分发给任何通信方,而私钥需要严格保密。当数据被公钥加密时,只有对应的私钥才能解密;反之,如果数据被私钥签名,那么公钥可以用来验证签名的有效性。相比于对称密码,公钥密码的优势是解决了密钥分发难题,但公钥算法耗时要比私钥算法长得多。因此,在实际应用中,公钥密码主要用于认证和密钥管理等,而消息加密仍采用对称密码算法。公钥密码学的主要应用包括安全通信、数字签名、身份验证和密钥交换协议,如 HTTPS 协议中网站服务器使用公钥密码来加密与客户端的通信,以确保数据安全。数字签名则用于验证信息的完整性和来源,常用于软件分发,以确保软件未被篡改。

1. RSA 算法加密

RSA 算法是由 Rivest、Shamir 和 Adleman 于 1978 年提出,其安全性是基于大数分解困难性假设,即计算两个大素数的乘积是容易的,然而分解两个大素数的乘积反求出它的因数则是很困难的。

RSA 算法的密钥生成过程为:随机选择两个大的素数 p 和 q(p、q 是保密的),计算 $n = p \times q$,n 是公钥和私钥的模数,计算 $\phi(n) = (p-1)(q-1)$ [$\phi(n)$ 是保密的],用户随机选择一个整数 e,使得 $1 < e < \phi(n)$,且 e 和 $\phi(n)$ 互素,计算 d,使得 $d \times e \equiv 1 \bmod \phi(n)$,$d$ 是 e 的模 $\phi(n)$ 的乘法逆元,公钥为 (n, e),私钥为 (n, d)。

RSA 算法的加密过程为:接收明文消息 M,将其转换为整数 m,其中 $0 \leq m < n$,使用公钥 (n, e) 加密消息,计算 $c = m^e \bmod n$,得到密文 c。

RSA 算法常用于保护敏感数据,如在线交易中的信用卡信息,以及在安全通信中用于验证身份和完整性。

2. ElGamal 算法加密

ELGamal 算法是由 Taher ElGamal 于 1985 年提出,基于离散对数难题,既能用于数据加密也能用于数字签名,它的安全性依赖于在有限域上求解离散对数的困难性,即给定 $q^x \bmod p$,求解 x 是非常困难的。

ELGamal 算法的密钥生成过程为:选择一个大素数 p 和一个小于 p 的随机数 q,随机选择一个整数 x 作为私钥,且满足 $1 < x < p-1$,计算 $y = q^x \bmod p$,公钥为 (y, q, p),私钥为 x。

ELGamal 算法的加密过程为:设要加密的明文消息为 m,随机选取一个与 $p-1$ 互素的整数 k,计算 $y_1 = q^k \bmod p$,$y_2 = my^k \bmod p$,得到密文 $C = (y_1, y_2)$。

ELGamal 算法广泛应用于需要数据加密和数字签名的场景,有较高的安全性。然而,它也面临密文较长和计算效率相对较低的挑战。

6.3 隐 私 保 护

6.3.1 基本概念

隐私是一个多维度概念，它涉及个人生活免受他人干扰的权利，隐私被定义为：个人有权享有不被他人侵入的私人空间，个人有权控制自己的个人信息，包括其收集、使用、存储和传播，个人有权做出不受外界压力或影响的决策，个人有权自由表达自己的观点和情感，而不必担心被监视或评判。《中华人民共和国民法典》第一千零三十二条规定，自然人享有隐私权。任何组织或者个人不得以刺探、侵扰、泄露、公开等方式侵害他人的隐私权。隐私是自然人的私人生活安宁和不愿为他人知晓的私密空间、私密活动、私密信息。

隐私保护作为个人自由的基石，对建立社会信任、保护个人的尊严和自主权至关重要。近年来，信息化的迅猛发展极大地改变了人们的通信和生活方式，互联网已发展成为一个拥有数十亿用户的全球信息共享平台。据国际电信联盟 2024 年 11 月 27 日发布的《2024年事实与数据》报告，到 2024 年年底全球活跃互联网用户超过 55 亿，占全球人口的 68%。然而，人们在享受互联网所带来的极大便利的同时，不得不面临互联网上的隐私威胁，常见的有：

① 数据收集与滥用，企业和组织可能会收集用户的个人信息(浏览历史、购物习惯、位置数据等)用于广告定向与用户画像构建等；

② 许多互联网服务的隐私政策复杂难懂，用户往往在没有充分理解的情况下同意了隐私条款，导致个人信息的收集和使用缺乏透明度；

③ 用户在社交媒体上的分享可能会无意中暴露个人隐私，包括位置、关系网络、生活习惯等；

④ 智能家居设备、智能手机等可能在用户不知情的情况下收集声音、图像等信息。

本节主要关注网络信息世界的隐私保护，主要包括以下内容：

(1) 网络身份数据：包括用户名、密码、IP 地址、电子邮件地址等。

(2) 网络行为数据：涉及浏览记录、搜索记录、点击行为等。

(3) 网络通信隐私：涵盖即时消息、电子邮件内容等。

(4) 网络社交隐私：包括个人资料、好友列表、发布的内容等。

(5) 网络交易隐私：用户在网络上进行交易时产生的信息，如购物记录、支付信息、收货地址等。

(6) 网络生物特征隐私：用户的生物特征数据，如面部识别信息、指纹、声音识别等。

(7) 网络健康隐私：用户在网络上的健康相关信息，包括在线医疗咨询、健康监测数据等。

(8) 网络教育隐私：网络上的教育活动信息、在线课程参与、成绩记录等。

(9) 网络娱乐隐私：用户在网络上的娱乐活动信息，如游戏行为、音乐和视频播放记录等。

6.3.2　隐私保护技术

隐私保护技术是指在数据处理和存储过程中采取的一系列措施和技术，以确保个人信息的安全和隐私不被侵犯。

1. 数据脱敏

数据脱敏是一种遵循特定规则和策略对敏感数据进行变换的技术方法，其目的是在去除敏感信息的同时保持数据的原始特征，以确保数据的安全性和有效性。该技术能够对敏感数据进行处理，使其在未经授权的访问和获取时无法识别出敏感信息。数据脱敏技术的应用使得个人隐私数据和社会机构的隐私数据可以在非安全环境中使用，而不会暴露于潜在的风险之中。

数据脱敏技术发展经历了以下三个阶段。

(1) 人工脱敏阶段：主要利用 SQL 脚本在数据 ETL(Extract, Transform, Load)处理过程中进行脱敏，该方式工作量大、处理效率低，难以保证数据的完整性和数据间的关联性。

(2) 平台脱敏阶段：主要融合了自动发现敏感数据、系统流程化脱敏、多数据源支持、丰富的脱敏算法库及敏感数据类型等特性，有效降低了人力成本并提高了处理效率，满足了基本的数据脱敏需求。

(3) 自动脱敏阶段：主要通过机器学习等技术，结合各类数据分类分级规则及实际使用的数据脱敏策略及规则，实现自动化、智能化数据脱敏，具备分布式部署、智能性能分析、自动化调优等能力。

数据脱敏常采用替换、修改或删除敏感数据的方法与算法，以降低数据被识别和重新识别的风险。技术手段包括数据加密、数据匿名化、数据扰动等，这些手段显著降低了敏感数据的实际价值，使得未经授权获取敏感信息变得困难，从而提高了数据的安全性。数据脱敏技术的关键在于如何在保护敏感数据的同时保持数据的可用性。根据应用场景及技术实现，数据脱敏技术可以分为静态数据脱敏和动态数据脱敏两类。

(1) 静态数据脱敏：适用于在开发、测试、数据分析、培训等非生产环境应用场景中对非实时访问数据进行脱敏。静态数据脱敏的目标在于根据预设的数据脱敏规则和策略，对大批量的数据集进行统一脱敏处理，确保脱敏操作不会破坏数据的内在关联关系和统计特征，同时满足非生产环境应用场景对数据的使用需求，并最大限度地降低数据的敏感程度，防止敏感信息泄露。

(2) 动态数据脱敏：在外部申请访问敏感数据时，根据访问者的身份和角色权限，按照脱敏策略实时地对数据进行脱敏处理，并将脱敏后的数据立即返回。动态数据脱敏通过配置不同的脱敏规则和脱敏策略，使用细粒度的访问控制机制，确保不同的数据访问者对于同一份敏感数据的脱敏结果不同，防止用户直接访问敏感数据，保证了数据的安全性。动态数据脱敏不像静态数据脱敏需要保留脱敏后的数据，也不需要将全部的数据导出，可以直接应用于生产环境中，并且适用于生产数据对外提供动态共享访问和检索服务的场景。例如，基于 SQL 语句改写的动态脱敏过程为：

① 客户端向数据库服务端提交 SQL 查询语句，被中间的数据库代理拦截；

② 数据库代理通过对 SQL 协议进行解析获得客户端想要申请访问的数据库名、表名和字段名；

③ 从脱敏规则配置表中查询到该用户的脱敏策略，根据该脱敏策略确定用户查询的哪些字段需要脱敏以及使用什么方案脱敏；

④ 利用该用户需要使用的脱敏函数对 SQL 语句实现改写操作，并转发给数据库服务端，服务端执行改写后的 SQL 查询，返还给代理的数据就是脱敏后的安全数据，再由代理转发给客户端。至此，基于 SQL 语句改写的动态脱敏就完成了。

2. 匿名化

匿名化是隐私保护领域的重要技术手段之一，旨在通过泛化或隐匿处理准标识符属性，发布语义一致的数据，从而有效防止隐私泄露。在法律规制层面上，我国也逐步确立了匿名化处理的法律标准。例如，2021 年实施的《中华人民共和国个人信息保护法》第七十三条中规定了匿名化的定义：“匿名化，是指个人信息经过处理无法识别特定自然人且不能复原的过程。”从法律及现行标准来看，我国已确立的匿名化处理的法律标准是数据处理后“无法识别特定自然人且不能复原”。

从技术角度看，匿名化技术的起源可追溯至 1998 年 Sweeney 和 Samarati 提出的 k-匿名模型，其基本思想是：如果在一组公开的数据集中，任何一条记录都不能与其他至少 $k-1$ 条记录进行直接区分，则称该条记录满足 k-匿名。在该数据集中，每种敏感数据的属性组合需要同时出现在 k 条记录中，无法被区分的 k 条记录被称为一个等价类。k-匿名虽然可以对敏感数据进行匿名化处理，但没有对敏感数据的属性进行任何保护，该算法的缺点是易受链路攻击，无法抵御属性泄露的风险。攻击者可以通过背景知识、同质属性等攻击方法攻击 k-匿名数据集中的用户属性信息。

此后，学者们提出了更多有效的匿名化模型，如 l-多样性、t-接近和差分隐私等匿名化模型。l-多样性模型是为了解决 k-匿名模型的局限性而提出的。l-多样性要求任意一个匿名后的等价类至少包含 l 个不同的敏感属性值，通过对敏感属性进行约束，保证每个等价类中敏感值的多元化，可以有效抵御同质性攻击的威胁。与 k-匿名算法相比，符合 l-多样性算法的数据集显著降低了数据泄露的风险，但会受到倾斜攻击和相似攻击的影响。此外，l-多样性隐私模型由于在匿名化过程中不考虑准标识符的分布和相似性，因此降低了匿名数据的可用性。

随着技术的发展，新的隐私保护技术和方法也在不断涌现。例如：联邦机器学习作为机器学习框架，能够在满足用户隐私保护和数据安全要求的前提下，进行数据使用和机器学习建模；同态加密则基于数学难题的计算复杂性理论，为数据加密提供强大保障；差分隐私作为密码学的一种手段，旨在提供一种从统计数据库查询时最大化数据查询的准确性，同时最大限度减少识别其记录的机会；安全多方计算则基于密码学原理构建安全协议，允许多个相互不信任的参与方协同计算一个约定的函数，使每个参与主体仅获取自己的计算结果，提高数据保密能力，从而保证输入的私密性和输出的正确性，确保在多个参与者之间共享数据时，个人的隐私和敏感信息得到保护。隐私保护技术并非一成不变，它需要不断学习，以适应新的威胁和挑战。

6.3.3 隐私保护的未来趋势

随着大数据、区块链、人工智能等技术的快速发展，隐私保护面临着更多的威胁和挑战。同时，这些技术的发展也为隐私保护提供了新的赋能手段。例如，生成式人工智能模型在训练过程中可能涉及敏感信息(如个人身份、健康状况等)，引发隐私保护问题，但也可用于构建隐私保护的机器学习框架，实现不直接访问原始数据即可进行训练的目标。未来，隐私保护需要在技术进步带来的便利与隐私保护之间找到平衡点。这不仅是一个技术问题，更是一个社会问题。制度是隐私保护的保障，通过完善隐私保护相关法律法规、政策等能够强化顶层设计和制度保障。同时，营造积极的文化环境也是数字治理中隐私保护的"风向标"，它反映出个人或组织对隐私保护的认知理念、价值观念以及伦理等，有助于构建协同监管机制，共同维护个人隐私和数据安全。

6.4 身 份 认 证

6.4.1 基本概念

认证，即验证实体(如用户、程序、设备或服务)身份的过程。认证机制可以应用于多种场景，不仅限于用户登录系统，还包括设备之间的通信、服务的访问等。身份认证是认证的一个特定类型，它专注于验证用户的身份。在大多数情况下，身份认证指用户登录计算机系统、网络或应用程序的过程，利用用户特有的身份信息，确保用户身份的真实性及其访问请求资源的权限。

6.4.2 身份认证技术

计算机识别用户依赖的是系统所收到的认证数据，主要面临以下考验：认证数据的收集、安全传输以及确认使用计算机系统的用户为最初通过认证的用户。目前用来认证用户身份的方法有弱识别和强识别两种。弱识别基于非时变的静态口令识别或由静态口令驱动的动态口令识别；强识别通过向认证者展示某秘密信息以证明自己的身份，在识别协议过程中，即使交互的信息被暴露，对方也不会从中得到关于用户的秘密信息。身份认证的依据主要有用户所知的信息(如密码或口令)、用户所持有的实体(如证件、身份证、护照、密码盘等)和用户的生物特征(如指纹、声音、虹膜、DNA、掌纹等)等。

1. 基于口令的身份认证

(1) 静态口令认证技术是一种传统的、广泛使用的身份认证方法，采用由大小写字母、数字、特殊符号组成的一系列字符串作为登录密码。用户在访问系统时，需要输入账号和密码，如果输入的密码与系统中存储的一致则通过验证，否则拒绝登录。静态口令认证的优点在于配置简单，用户易于理解和使用。但是，静态口令存在安全性相对较低、密码易泄露、易被攻击的风险。常见的攻击算法有漫步式攻击和定向攻击两种。

① 漫步式攻击：攻击者不关心攻击对象，在允许的猜测次数下，尽可能多地猜测口令，如构造字典尝试匹配，即暴力破解。

② 定向攻击：以尽可能快的速度猜测出指定用户在特定网络服务系统中的口令，可利用攻击对象的相关信息(如姓名、生日、年龄、旧口令等)来提高效率。

验证过程中，口令会在计算机内存和网络中传输，而每次验证过程使用的验证信息都是相同的，很容易被驻留在计算机内存中的木马程序或网络中的监听设备截获。部分系统虽然会在传输认证信息前进行加密防止窃听，但仍无法应对攻击者的截取重放攻击。攻击者只需要在新的登录请求中将截获的信息提交服务器，就可以冒充登录。

为了提高安全性，静态口令认证技术通常会结合其他安全措施使用，如提高密码复杂度、定期更换密码、采取账户锁定策略等。此外，一些系统还会采用散列函数来存储密码，而不是明文存储，以增加安全性。尽管静态口令认证技术面临密码破解、社会工程学攻击等威胁，但由于其简单性和广泛的用户基础，它仍然是许多系统首选的身份认证方式之一。

(2) 动态口令也称为一次性口令，是只在一次登录会话有效的口令，具有随机性、动态性、一次性、不可逆性等特点，不仅保留了静态口令方便性的优点，而且弥补了静态口令存在的各种缺陷。动态验证码只能一次性使用，根据所采用的变动因子的实现技术，形成了多种不同的动态口令认证技术，目前常见的有三种，即基于时间同步的认证技术、基于事件同步的认证技术和基于挑战/响应的动态口令认证技术。

① 基于时间同步的认证技术：用户口令和服务器所产生的口令在时间上保持同步，把时间作为变动因子，一般以 1 min 为变化单位，通过网络方式进行时间同步，确保二者之间的时间差足够小。

② 基于事件同步的认证技术：客户机和认证服务器采用相同的数字序列生成动态口令的运算因子，同步变化共同产生动态口令。

③ 基于挑战/响应的动态口令认证技术：变动因子是由服务器随机产生的，通过信息交互的方式实现同步。

实际应用中动态口令通常作为静态口令的补充，成为双因子认证的一部分。静态口令加动态口令的双因子身份认证技术具有一次性验证码、认证过程加密等多种特征，在网络和信息安全领域十分重要。该技术将静态口令和动态口令进行绑定，静态口令由用户自由设定，并且可以进行自由更改，作为访问安全的第一道防线；动态口令则是服务器通过算法并且加密生成随机验证码，通过用户手机收发短信实现认证过程的交互，作为访问安全的第二道防线。

2. 基于智能卡的身份认证

智能卡身份认证是一种基于持有物的身份认证方式，它依赖于用户持有的智能卡进行身份认证。只有在验证通过之后，系统才能确认用户的合法身份。早期广泛使用的是磁卡，目前一些银行、公共交通、学校图书馆等仍使用磁卡作为用户身份验证的手段。但是，磁卡只能存储数据，不能处理数据，因此它不能保护用户信息或用户记录的数据。后来，智能卡应运而生。智能卡硬件由 CPU、ROM、RAM、加解密协处理器、I/O 接口等功能部件组成，结合了硬件和软件两种安全措施，使得恶意攻击者很难获取或修改卡中存储的信息。智能卡中的加解密协处理器可以对卡执行加解密、摘要等操作，用户可以直接操作卡中的敏感信息，而无须从卡中读出，从而保证了这些信息的安全性。智能卡由于其存储量大、可靠性高、磁保护、抗干扰、读写方便等优点得到了广泛的应用。

3. 基于生物特征的身份认证

生物特征识别技术包括对人体生理特征和行为特征的识别。生理特征属于先天特征，常见的有指纹、人脸、虹膜等，现在还有通过超声波检测人的耳道进行生物特征识别的技术；行为特征属于后天特征，最古老、最常见的行为特征也就是签名，另外还包括步态特征、击键特征等。一个完整的生物特征识别系统包含注册与识别两个阶段。在注册阶段，使用适当的传感器采集生物样本，并选用适当的特征提取算法得到该样本的生物特征模板，然后将该模板和用户信息绑定并存入数据库。在识别阶段，再次使用同类传感器采集用户同类生物样本，并提取得到该样本的特征模板，最后与数据库中存储的模板进行匹配，判断是否为合法用户。

指纹识别技术是一项集计算机、网络、光电技术、图像处理、智能卡、数据库技术于一体的综合技术，利用人体所固有的生理特征或行为特征来进行个人身份认证。指纹是与生俱来、在手掌面这一特定部位出现的遗传学表型特征，在正常情况下，指纹具有独一无二、各不相同、终身基本不变、触物留痕、排列规整等特点。指纹中有许多特征点，这些特征点提供了指纹唯一的确认信息。指纹认证技术应用过程包括指纹采集、指纹预处理、指纹检查和指纹模板采集进行指纹记录，并通过指纹采集、预处理、特征比对和匹配进行指纹比对。现阶段指纹识别系统包括指纹图像扫描技术、特征提取和自动匹配技术，通过运用模式识别原理，搭建自动判别指纹相似度的算法模型，并对算法模型进行程序化设置，最后计算机执行比对。

人脸识别技术是基于人的脸部特征信息进行身份识别的一种生物识别技术。它主要通过视频采集设备获取识别对象的面部信息，再利用核心算法对面部图像的重要特征信息进行计算分析，将分析结果与前期建立的数据库中的范本进行比对，最后基于比对结果判断识别对象的身份。基于数字图像的人脸识别可以分为手动方式和自动方式，手动方式基于全局特征或者基于局部特征，而自动方式基于神经网络或者深度学习。基于全局特征的识别方式是将图像作为一个整体，通过对面部轮廓、肤色和五官分布的整体信息进行提取识别。局部特征是从图像局部区域中提取细节特征，包括角、线和特殊区域。随着图像质量的不断提升，人脸数据库中的图像数据量提升巨大。传统的基于图像处理的统计方法在时间、空间效率上无法满足用户需要，因此往往需要使用基于概率决策的神经网络。传统的方法由于受光照、表情等影响不能提取稳定的特征进行识别。在深度学习中，可通过模拟人脑的机制来解释数据。通过组合多个隐藏层，可对图像的姿态、表情和光照展现出强大的鲁棒性。

6.4.3　身份认证技术前景

　　基于身份特征的认证技术是目前最方便和安全的识别技术。它无须用户记住复杂的密码，也不需要随身携带智能卡等物品。可用于识别的特征有指纹、脸型、虹膜、视网膜等，目前已经发展出指纹识别、面部识别、虹膜识别等多种生物识别技术。但迄今为止，口令、智能卡、生物特征都无法达到完美无缺的要求。例如，生物特征都有自己的适用范围，有的人指纹无法提取，有的人眼睛患病导致虹膜发生变化等。因此，往往需要融合多种因素来实现高精度的识别。多因素认证无疑是身份认证技术领域发展的必然趋势。同时，人工智能技术也将应用于认证过程中，通过学习用户的行为和习惯，自动调整认证方式，提高认证的便捷性和准确性。

第 7 章　信息技术安全

本章将探索信息隐藏技术与安全、人工智能技术与安全以及大数据技术与安全，并探讨这些技术在保障信息安全领域所面临的挑战和机遇。通过本章的学习，读者将对信息技术安全的最新发展有更深刻的认识，为在高科技时代中保护信息安全做好准备。

7.1　信息隐藏技术与安全

7.1.1　信息隐藏的基本概念

在信息爆炸的时代，数据的安全性和隐私性成为人们关注的焦点。传统的加密技术虽然在一定程度上保障了信息的安全，但其明显的加密痕迹往往容易引起攻击者的注意，增加了信息泄露的风险，为此，信息隐藏技术应运而生。信息隐藏技术以其独特的隐蔽性和安全性，成为信息安全领域的重要研究课题。简而言之，信息隐藏技术就是将秘密信息嵌入公开的信息载体中，通过掩蔽其存在，使未授权的第三方难以察觉或截获这些信息。与传统的加密技术相比，现代加密技术主要是改变信息的内容，使其变得难以理解；信息隐藏技术则是隐藏信息本身的存在，使攻击者无法发现其存在，从而达到保护信息的目的。

自 20 世纪 90 年代被提出以来，现代信息隐藏技术已经成为网络信息安全领域的研究热点，受到学术界和安全部门的广泛关注。与密码学中的加密技术和破译技术类似，信息隐藏技术可以分为两大类：正向隐藏技术和反向检测技术，分别被称为隐写技术和隐写分析技术。数字隐写技术作为信息隐藏技术的一个关键分支，通过利用常见的数字媒体作为传递信息的载体，并通过公开的信道传递秘密信息，它不仅掩盖了通信内容，还隐藏了秘密信息"正在通信"这一事实，显著提升了网络环境下信息传输的安全性，这一技术在政治、军事、经济等领域展现出广泛的潜在应用。传统意义上，信息隐藏技术通常指的是隐写技术。隐写技术的原理主要基于两个方面：一是载体信息的冗余性，即在载体信息中嵌入秘密信息后，不会改变载体信息的整体外观和使用价值；二是信息隐藏算法的巧妙性，通过设计复杂的嵌入算法，使秘密信息在载体信息中的分布更加隐蔽，难以被检测出来。然而，隐写技术作为一把"双刃剑"，可能被不法分子恶意利用。例如，"基地"组织、"藏独"势力等恐怖分子和非法团体多次使用隐写技术在互联网等公开信道上进行秘密通信。此外，互联网上的各种隐写软件和工具为不法分子实施网络犯罪提供了便利。数字图像因其易于获取、广泛使用和数据量大等特点，已成为隐藏秘密信息的主要载体。图像隐写分析技术作为与图像隐写技术相对抗的逆向分析技术，能够检测出图像中秘密信息的存在性，并进一步提取或破坏秘密信息，具有重要的研究和应用价值。

隐写技术和隐写分析技术是信息隐藏领域的两大支柱。类似于密码学和密码分析学，隐写技术和隐写分析技术之间是相互对立又相互促进的关系。隐写技术的进步推动了新型隐写分析算法的诞生，而更高效的隐写分析算法反过来又对隐写算法的安全性提出了更高的挑战。这与密码学中的"Kerchhoff 准则"相似，即攻击者即使掌握了嵌入算法以及隐写系统的其他信息，但只要没有密钥，他们就无法确定秘密信息的存在，更无法提取出秘密信息。根据隐写嵌入所使用的载体类型，数字隐写可分为图像隐写、视频隐写、音频隐写等类别，其中，图像隐写是隐写领域的研究热点。

数字隐写系统的评价指标主要有：

(1) 不可检测性：主要指感官上和统计上的不可检测性。

(2) 嵌入容量：表示载体携带秘密信息的数据量。

(3) 鲁棒性：代表算法的抗攻击能力。

一方面，隐写分析技术可以用来判断可疑数字媒体中秘密信息的存在性，有效防止隐写技术被不法分子利用；另一方面，隐写分析技术能揭示现有隐写技术的潜在安全漏洞，促进更安全隐写算法的开发，进而推动隐写技术的整体进步。隐写分析技术的主要目的是：

(1) 判断载体中秘密信息的存在性。

(2) 估计秘密信息的长度并最终提取秘密信息。

(3) 删除或者破坏秘密信息。

上述指标中，(1)、(2)属于被动隐写分析，(3)被称为主动隐写分析。根据隐写检测的基本原理，隐写分析方法可分为感官检测法、软件标识特征检测法以及基于统计的隐写分析方法、基于人工智能的隐写分析方法等。作为隐写技术的反向技术，隐写分析技术的发展仍滞后于隐写技术的发展，尤其是在对低嵌入率隐写和新型隐写算法的检测效果上，大多数算法的表现并不理想。根据其适用范围，隐写分析可以分为专用隐写分析和通用隐写分析两大类。专用隐写分析针对某一种或者某一类特定的隐写方法，通用性较差；而通用隐写分析能够应对多种隐写技术，具有更强的适应性，包括特征提取和分类器设计两个环节，其中隐写分析分类器的研究进展相对滞后于特征提取的研究。目前，国内外学术界对隐写和隐写分析技术的研究十分活跃，IEEE、SPIE、ACM 等国际著名学术组织针对该领域的报道逐年增多，学术期刊如 *IEEE Transactions on Information Forensics and Security* 发表的相关论文，对推动该领域的发展起到了重要作用。信息隐藏暨多媒体安全国际会议(ACM Information Hiding and Multimedia Security Workshop，IH&MMSEC)是信息隐藏暨多媒体安全领域最有影响力的国际会议之一，由 ACM 协会每年召开一次，其前身为国际信息隐藏会议(Information Hiding Conference)与国际多媒体安全会议(ACM Workshop on Multimedia and Security)。此外，国内外知名科研院所、国防和安全机构对隐写与隐写分析技术的研究越来越多，各国政府也持续提供科研基金支持。

隐写技术(正向技术)是隐写分析技术研究的基础。图像信息隐藏技术的研究是其他多媒体信息隐藏技术研究的基础。图像 LSB (Least Significant Bit，最不重要位)信息隐藏算法是图像隐写技术研究中较为基础、较为经典、应用最广泛的方法之一，因此本章将重点介绍面向数字图像的 LSB 信息隐藏算法的基本原理和基础知识，包括图像的数字化过程。其他类型的信息隐藏技术大多是基于图像 LSB 算法逐渐发展和演变而来的。

7.1.2　图像数字化的基本原理

革命战争年代，地下交通员采用了一种早期的"信息隐藏技术"，他们在手绢等物品上用特殊的隐写药水写文件，一旦药水干了，文件便不可见。到达目的地后，使用相应的药水就能使文件内容神奇地显现出来。在学习图像信息隐藏之前，我们必须搞清楚一个问题，图像是什么？尽管电子产品如"数码相机""数字电视""数字图像"等名称都和数字有关，但实际上，不管是图像、视频、文字还是计算机、手机等电子产品中存储的数据，归根结底都是一系列二进制数字组成的。

图像的数字化主要包括采样和量化两个步骤。当我们把某一个图像放大后会发现图像是由一个一个小方格构成的。图像原本是连续的，理论上是由无限的点组成的，但由于计算机的存储容量是有限的，因此只能选择性地找出一些点来近似表示图像。这个过程被称为采样。例如，手机摄像头的参数"分辨率"实际上指的就是采样点的数量。如果用显微镜放大手机镜头上的传感器，会发现传感器上也是由密集排列的点构成的。比如华为 Mate60 后置摄像头，最大分辨率约为 5000 万像素，意味着在拍摄一张照片时，它选择了 5000 万个点来表示一张图像，与 20 多年前的诺基亚手机相比，这样的分辨率使得画面更加清晰细腻。

采样之后下一个问题就是如何描述每一个点的颜色，这就需要量化。当我们在计算机上查看图像"属性"时，除了分辨率，还会看到"位深度是 24"这样的参数。在计算机中，数据是以二进制形式存储的，而"位深度 24"指的是每一个点用 24 个二进制数字来表示。类似画画用的调色板，数字图像采用了红(R)、绿(G)、蓝(B)三原色构成 RGB 三通道，组合成所需的任意颜色。RGB 每个通道上用 8 个二进制数字表示，因此大多数彩色图像采用了 24 位的位深度，每一个通道上的 8 位二进制数字转化成十进制就是该通道上的亮度值。为什么每一个颜色通道要用 8 位表示，而不是 4 位或者 10 位呢？位深度太小图像会相对模糊，而位深度太大则会超过人眼的辨别能力，增大不必要的存储和传输开销。根据研究，人类肉眼最多只能分辨约 1000 万种颜色。例如，口红中把红色进行编号叫"色号"，相近色号的口红颜色难以分辨。图像数字化主要包括采样和量化，这个过程可以类比为在格子中"滴水"，先把图像分为一行一行的小格子，然后在每一个格子上滴上一种特定颜色，颜色深浅取决于对应的那一组二进制数字的大小。既然计算机能够显示如此多的颜色，并且这些颜色都是由数字组成的，那么是否可以通过修改像素中的一些数据而在图像里隐藏信息呢？从前面分析的原理来看，在大量数据中隐藏一些秘密信息是完全可行的。在众多数字图像的信息隐藏方法中，我们将重点介绍一种最经典的图像信息隐藏方法——图像 LSB 信息隐藏方法。

7.1.3　图像 LSB 信息隐藏

LSB 信息隐藏是出现最早、应用最广泛的信息隐藏方法。要深入理解 LSB 图像信息隐藏算法，首先需明确"最低有效位"(Least Significant Bit)的概念。以一幅具体图像为例，每个颜色通道，如蓝色通道中每个像素由 8 个二进制数字组成，最低有效位是指该二进制数的最后一位。之所以称其为最低有效位，是因为它在数值表示中对整体数值的影响最小。为了进一步理解这一点，我们先分析 8 个二进制数字和颜色的关系。如果把蓝色通道所有的蓝色划分成不同等级，则会组成一个蓝色颜色色阶，从下往上代表蓝色程度从无到最强。8 个二进制数字有 2^8 种可能，也就是 256 种组合，可以将蓝色划分成 256 个等间隔的等级。其中，8 个全 0 代表没有蓝色，8 个全 1 代表全是蓝色。二进制和十进制的对应关系可以通过转换公式得出。十进制数值越大，代表蓝色强度越高。

为了更好地理解这一概念，这里给出一个具体的像素实例。假设一幅图像中某个像素的蓝色通道的二进制数是"01011000"。该二进制数转换成十进制数，结果为 01011000(二进制) = 88(十进制)，其中 88 指的是蓝色通道的亮度。8 位全 0 到 8 位全 1，一共有 256 种取值，对应于蓝色亮度等级为 0~255。把蓝色通道数值由 0 调到 255 时，可以明显看到蓝色由无慢慢变深。数值 88 对应于该颜色的亮度等级。如果数值从 0 突变成 255，则颜色差异会很大；如果从 88 变成 89，则颜色变化会很小。如果在计算机中利用代码仿真软件实时查看结果，则会更加直观。如果直接把最不重要位由 0 变为 1，数值由 88 变为 89，则肉眼几乎分辨不出颜色的变化。如果把第 7 位的 0 变为 1，数值由 88 变为 88 + 128 = 216，则由刚才的变化可以推出颜色的变化应该是比较大的。通过在仿真软件中观察颜色变化，可以清楚地看到这种差异。因此，第 0 位被称为最低有效位，第 7 位被称为最高有效位。所谓最低有效位信息隐藏算法，就是指将需要隐藏的秘密信息比特直接替换到最低有效位。信息嵌入就是将待嵌入信息转化为二进制数字串，并依次填入颜色分量的最低有效位上。信息提取就是将图像像素的最低位依次提取出来，并进行拼接。LSB 方法在军事领域有着广泛的应用，例如，苏联战略轰炸机的卫星数据曾经被隐藏到名画中隐蔽传输，成功将情报安全地传递出去。然而，敌方如果使用 LSB 方法，也会造成严重的后果。据某媒体报道，恐怖分子曾在东非美国大使馆炸弹袭击中利用 LSB 方法隐藏恐怖攻击目标的位置，并下达恐怖活动指令。技术本身没有对错之分，关键在于其使用者的意图和行为。科学工作者应该具备最基本的道德底线，不能将专业能力用于损害社会生活或他人生命价值的活动，这是科学工作者应具备的基本良知。

7.1.4　信息隐藏应用与安全

信息隐藏技术在多个领域中具有广泛的应用，以下介绍一些典型的应用实例。

(1) 军事通信。在军事通信中，信息隐藏技术可以用于传输重要的军事机密。通过采用伪装术和隐秘信道等手段，秘密信息可以被嵌入常规通信数据中，从而降低敌方发现和截获的可能性。此外，匿名通信技术也可以用于保护通信双方的身份和位置信息，以防止敌方进行定位和追踪。

(2) 版权保护。数字水印技术可以用于保护数字多媒体内容的版权。通过在内容中嵌入不可见的标记信息，可以追踪盗版来源、证明版权归属等。这对于打击盗版行为、维护市场秩序具有重要意义。

(3) 隐私保护。在信息传输和存储过程中，信息隐藏技术可以用于保护个人隐私信息。例如，在社交网络中，用户可以利用匿名通信技术来保护自己的身份和位置信息；在医疗领域，患者的敏感信息可以通过信息隐藏技术进行处理和保护。

(4) 网络安全。信息隐藏技术可以用于提高网络安全性。例如：在网络安全监控中，可以使用隐秘信道来传输安全事件信息或告警信息；在入侵检测系统中，可以应用数字水印技术来标记和追踪恶意代码或攻击行为，从而增强系统的防御能力。

尽管信息隐藏技术在多个领域都展现出了巨大的潜力，但其在实际应用中仍面临一些挑战和困难。以下是信息隐藏技术当前研究中的主要挑战及未来发展方向。

(1) 嵌入效率与检测准确性。如何在保证嵌入效率的同时提高检测准确性是信息隐藏技术面临的一个重要挑战，未来的研究应致力于开发更加高效的嵌入算法和检测算法，以增强信息隐藏技术的实用性和可靠性。

(2) 安全性与鲁棒性。随着攻击手段的不断升级和复杂化，信息隐藏技术的安全性和鲁棒性正面临着日益严峻的挑战。未来的研究需要重点关注如何提升信息隐藏技术的抗攻击能力和鲁棒性，以应对各种复杂的网络环境和攻击手段。

(3) 隐私保护与合规性。在隐私保护方面，信息隐藏技术必须遵守相关法律法规和隐私保护政策。未来的研究需要关注如何在保护隐私的同时确保合规性，避免侵犯用户隐私和违反法律法规。

除了上述信息隐藏的应用和未来展望，当前该领域的研究还面临一些安全问题。

(1) 嵌入算法的安全性。嵌入算法是信息隐藏技术安全性的基石。如果嵌入算法存在漏洞或缺陷，攻击者可能通过破解算法来发现或篡改隐藏信息。因此，确保嵌入算法的安全性至关重要。

(2) 载体信息的安全性。载体信息作为隐藏秘密信息的媒介，其安全性直接关系到信息隐藏技术的安全性。如果载体信息被攻击者篡改或破坏，可能导致隐藏的秘密信息泄露或被破坏。此外，载体信息的来源和真实性也是需要注意的问题。

(3) 秘密信息的泄露风险。尽管信息隐藏技术能够有效隐藏秘密信息，但在某些情况下，秘密信息仍然存在泄露的风险。例如，攻击者若获取足够多的载体信息，可能通过统计分析等方法发现隐藏的秘密信息。此外，一些信息隐藏技术本身也可能存在泄露秘密信息的风险。

(4) 攻击者的技术手段。随着攻击技术的不断发展，攻击者可以利用多种技术手段对信息隐藏技术进行攻击。例如，攻击者可以通过流量分析、模式识别等方法发现隐藏的秘密信息，或者利用漏洞攻击、暴力破解等手段破解嵌入算法。这些技术手段使得信息隐藏技术的安全性面临更大的挑战。

针对上述安全问题，可采用以下解决策略：

(1) 加强嵌入算法的研究与改进。为了保障信息隐藏技术的安全性，必须加强对嵌入算法的研究与改进力度。研究人员需要不断探索新的嵌入算法和加密技术，以提升嵌入算法的安全性和鲁棒性。此外，还需要对现有的嵌入算法进行安全评估和优化，确保其在实际应用中的安全性。

(2) 严格筛选和管理载体信息。载体信息的来源和真实性对信息隐藏技术的安全性至关重要。因此，需要严格筛选和管理载体信息，确保其来源可靠、真实有效。同时，还需要对载体信息进行加密和保护，防止其被篡改或破坏。

(3) 加强秘密信息的保护和管理。秘密信息的保护和管理是信息隐藏技术的核心。为了降低秘密信息的泄露风险，需要采取多种措施以增强其保护和管理。例如，可以对秘密信息进行加密和压缩处理，或者采用分散存储和备份的方式，防止因单点故障导致的数据丢失。

(4) 密切关注攻击技术的发展和变化。攻击技术的不断发展和变化对信息隐藏技术的安全性提出了新的挑战。因此，需要密切关注攻击技术的动态变化，及时采取相应的防御措施。例如：可以加强网络安全监控和预警机制建设；或者采用动态防御和主动防御策略，以提升系统的安全性和抗攻击能力。

总之，信息隐藏技术作为一种重要的信息安全手段，其安全性问题不容忽视。应从嵌入算法、载体信息、秘密信息、攻击技术等多个方面入手，加强信息隐藏技术的安全性研究和应用实践。唯有如此，方能更好地保障信息安全和数据隐私。

7.2　人工智能技术与安全

7.2.1　人工智能基础知识

人工智能(Artificial Intelligence，AI)是近年来科技界最热门的话题之一，其涉及领域广泛，影响深远。人工智能不仅改变了人们的生活方式，还推动了科技、经济、社会等多个领域的变革。作为一门新兴的技术科学，人工智能的目标是开发能够执行通常与人类智能相关的任务的智能机器，尤其那些涉及学习、推理、感知、理解、语言、规划、复杂问题解决等认知功能的机器。简单来说，人工智能就是让机器能够像人一样思考、学习和行动的技术。人工智能的起源可以追溯到 20 世纪 50 年代。当时，科学家们开始尝试让机器模仿人类的某些智能行为，如逻辑推理、自然语言处理等。随着计算机技术的飞速发展，人工智能的研究逐渐深入，其应用领域也在持续拓展。

人工智能的主要研究领域可概括为以下几大类：

(1) 机器学习。机器学习是人工智能的核心领域之一，其目标是使计算机能够从数据中学习并提升其性能，而无须进行明确的编程。机器学习算法可以分为监督学习、非监督学习和强化学习三种类型。监督学习是通过给定输入和期望输出(标签)来训练模型；非监督学习是从输入数据中找出隐藏的结构或模式；强化学习则通过奖励和惩罚机制，使机器在试错过程中优化其行为策略。

(2) 深度学习。深度学习是机器学习的一个子集，它利用深度神经网络(Deep Neural Network，DNN)来模拟人脑神经元的连接方式。深度神经网络由多层神经元组成，通过反向传播算法和梯度下降法来训练网络，从而能够自动提取输入数据的特征并执行分类、回归等任务。深度学习在计算机视觉、自然语言处理、语音识别等多个领域取得了显著成果。

(3) 自然语言处理。自然语言处理(Natural Language Processing，NLP)是人工智能的另一个重要领域，其研究重点在于使计算机能够理解和处理人类语言。NLP技术涵盖了文本分类、情感分析、机器翻译、信息抽取等多个方面。近年来，随着深度学习技术的发展，NLP领域取得了重大突破，如Transformer模型、BERT模型的出现极大地推动了相关研究的进展。

(4) 计算机视觉。计算机视觉是研究如何让计算机从图像或视频中获取信息并理解其内容的技术。计算机视觉技术包括图像识别、目标检测、图像分割、图像生成等多个方面。在自动驾驶、安防监控、医疗影像分析等领域，计算机视觉技术发挥着重要作用。

(5) 专家系统。专家系统是一种基于知识的智能系统，它通过整合特定领域的专家知识和经验来解决复杂问题。专家系统通常由知识库、推理机、解释器、用户界面等部分组成。在医疗诊断、金融分析、法律咨询等领域，专家系统展现出了广阔的应用前景。

人工智能的应用非常广泛，下面是一些典型的应用场景：

(1) 智能制造。智能制造是人工智能与制造业结合的产物，它利用先进的信息技术、自动化技术和人工智能技术来提高制造过程的智能化水平。智能制造可以实现生产过程的自动化、智能化和柔性化，从而提高生产效率、降低生产成本以及提升产品质量。

(2) 智能家居。智能家居是人工智能在家庭环境中的应用，通过智能设备和系统的集成，实现对家庭环境的智能化控制和管理。智能家居系统可以远程控制家电设备，进行环境监测与调节，并提供个性化服务。智能家居技术不仅提升了生活的便捷性和舒适度，还促进了节能环保和可持续发展。

(3) 智慧医疗。智慧医疗是人工智能在医疗领域的应用，其利用先进的信息技术和人工智能技术提高医疗服务的智能化水平。智慧医疗能够实现医疗数据的智能采集、处理和分析，从而提高疾病诊断的准确性和效率；此外，它还可以实现远程医疗、个性化医疗等服务模式，为患者提供更加便捷、高效的医疗服务。

(4) 智慧金融。智慧金融是人工智能在金融领域的应用，其通过大数据、云计算和人工智能等技术来提高金融服务的智能化水平。智慧金融可以实现金融风险的智能识别、评估和管理，提高金融业务的自动化水平和处理效率；同时，还可以实现个性化金融服务、智能投资等服务，为客户提供更加优质、高效的金融服务。

尽管人工智能在多个领域取得了显著的成果，但仍面临诸多挑战。首先，人工智能技术的可解释性和可信度问题亟待解决。目前，许多深度学习模型虽然在性能上表现出色，但其决策过程缺乏可解释性，难以获得用户的信任。其次，人工智能技术的安全性和隐私保护问题也需要引起关注。随着人工智能技术的广泛应用，数据泄露、隐私侵犯等安全问题日益凸显。最后，人工智能技术的道德和伦理问题也需要深入探讨。如何确保人工智能技术的公平性、公正性和可持续发展，都是亟待解决的问题。

未来，人工智能将在多个领域发挥更加重要的作用。首先，随着技术的不断进步和应用场景的不断拓展，人工智能将在智能制造、智能家居、智慧医疗等领域实现更加广泛的应用。其次，人工智能将与物联网、云计算、区块链等新一代信息技术深度融合，共同推动数字化、网络化、智能化的发展，为各行各业带来更加高效、便捷、智能的解决方案。最后，人工智能将在解决全球性问题方面发挥重要作用，如气候变化、资源短缺、人口增长等。利用人工智能技术，我们可以更好地监测和管理这些问题，为全球可持续发展提供有力支持和保障。

7.2.2　生成式人工智能及安全威胁

生成式人工智能(Generative Artificial Intelligence，GAI)技术又被称为人工智能生成内容(Artificial Intelligence Generated Content，AIGC)，是一种能够自动生成新数据和新内容的人工智能技术。它通过学习大量数据，掌握数据的分布规律，从而生成与原始数据相似或具有特定特征的新数据。与传统的判别式人工智能相比，它更注重于数据的生成和创造，具有更高的灵活性和创造性。

凭借其独特的优势，GAI 在文本、图像、音频、视频等多个领域展现出巨大的应用价值。它的应用领域十分广泛，包括但不限于文本生成、图像生成、音频生成、视频生成等。在文本生成领域，GAI 可以应用于机器翻译、摘要生成、文章创作等任务，有效提高文本处理的效率和质量。在图像生成领域，GAI 可以实现艺术风格迁移、人脸合成、图像修复等功能，为艺术创作和图像处理提供了全新的方法。此外，GAI 还可以应用于音频生成、视频生成等领域，为音乐创作、动画制作等提供技术支持。

然而，GAI 同时也对信息安全带来了一系列的威胁和挑战，以下是五种主要的安全风险。

(1) 伪造内容和虚假信息的生成。GAI 的强大生成能力使得攻击者能够轻易地伪造虚假内容，如虚假新闻和欺诈性广告等。这些虚假内容可能误导用户，损害企业的声誉和利益，甚至对社会造成不良影响。

(2) 钓鱼攻击的升级。随着 GAI 技术的不断发展，攻击者可以利用 GAI 技术生成更加逼真的钓鱼网站和邮件，使得用户难以分辨真伪。这种钓鱼攻击不仅可能窃取用户的个人信息和财产，还可能对用户的隐私和安全造成威胁。

(3) 恶意代码生成。GAI 技术还可以用于生成更高隐蔽性和复杂性的恶意代码，使得传统的检测方法难以发现。一旦这些恶意代码被植入系统或应用中，就可能对用户的设备造成损害，甚至导致数据泄露和系统瘫痪。

(4) 智能攻击和社交工程。GAI 技术能够更好地模拟人类行为，从而使得社交工程攻击变得更加难以防范。攻击者可以利用 GAI 技术生成虚假的社交媒体账户、聊天机器人等，与用户进行交互并获取敏感信息。此外，GAI 技术还可以用于自动化攻击工具的开发，提高攻击效率和成功率。

(5) 隐私问题。在处理用户数据时，GAI 可能涉及隐私问题。例如，GAI 技术可能被用于大规模的隐私侵犯，包括用户画像的精准构建和隐私信息的泄露。此外，GAI 在生成内容时也可能泄露用户的敏感信息，如个人信息、地理位置等。

应对 GAI 安全威胁的策略包括以下几个方面：

(1) 加强技术研发和监管。为了应对 GAI 的安全威胁，必须持续加强技术研发和监管。一方面，应加大对 GAI 技术的研究和开发，提高其安全性和可信度；另一方面，需建立健全监管机制，制定相关法律法规和技术标准，规范 GAI 应用和发展。

(2) 提高用户意识和防范能力。用户是 GAI 技术应用的关键环节，其意识和防范能力的提升对于抵御安全威胁至关重要。应广泛开展用户安全教育和培训工作，提高用户对 GAI 技术的认识和了解；同时，还需要研发并提供有效的安全工具和防护软件，帮助用户防范 GAI 面临的安全威胁。

(3) 加强国际合作和交流。GAI 的安全威胁是全球性的问题，需要各国共同应对。应加强国际合作和交流，共同开展 GAI 安全威胁的研究和应对工作；此外，还需要促进跨国公司的合作与协调，共同推动 GAI 技术在全球范围内的健康发展。

GAI 作为一种具有巨大潜力和应用价值的技术，正在不断地推动着社会的进步和发展。然而，其带来的一系列安全威胁和挑战也不容忽视。只有加强技术研发和监管、提升用户意识和防范能力、深化国际合作和交流等多方面共同努力，才能确保 GAI 技术的健康与可持续发展，充分发挥其在各领域的积极作用。

7.2.3 ChatGPT 安全隐患和对策

1. ChatGPT 简介

ChatGPT(Chat Generative Pre-trained Transformer)是由 OpenAI 研发的一款先进的聊天机器人程序。自 2022 年 11 月 30 日发布以来，ChatGPT 凭借其卓越的自然语言处理能力和广泛的应用场景，迅速在全球范围内引起了广泛关注。作为生成式人工智能技术在文本生成领域的杰出代表，ChatGPT 基于自然语言处理技术，通过预训练积累了大量的知识和信息，能够与用户进行自然、流畅的交互，提供准确、实时的答疑解惑服务。ChatGPT 的出现，标志着生成式人工智能技术在文本生成领域取得了显著进展，为人工智能技术的发展注入了新的活力。2022 年，美国 OpenAI 公司正式发布了 ChatGPT。ChatGPT 中的 Chat 是聊天，GPT 是一种人工智能模型，ChatGPT 可以简单理解成一款能和人聊天的智能软件。ChatGPT 不仅可以生成高质量的对话文本，还可以有效提高工作效率，降低企业成本。此外，ChatGPT 能作为基础设施嵌入其他应用中，形成一个生态系统。例如，ChatGPT 嵌入到 OFFICE 软件中时，用户可以通过对话框输入要求，从而生成文稿并制作 PPT。

ChatGPT 具有以下功能和特点：

(1) 自然语言处理能力。ChatGPT 具备强大的自然语言处理能力，能够模拟人类对话，表达思想和感情，提供流畅自然的回答。无论是日常闲聊还是专业领域的问题，ChatGPT 都能够给出准确、有用的回答。

(2) 广泛的应用场景。ChatGPT 的应用场景十分广泛，包括小说创作、新闻报道、广告文案等文本内容生成；在语言理解方面，可用于构建智能助手、客服机器人、问答系统等；在机器翻译领域，ChatGPT 可用于机器翻译和同声传译。此外，ChatGPT 的应用还涉及自然语言处理任务，如语音识别、情感分析、文本分类等；在智能客服方面，可助力企业实现自动化客服，解答/解决用户问题，并提供定制化服务；在情感分析方面，可帮助企业进行用户情感分析，了解用户对某一产品或服务的情感色彩；在自动写作领域，可进行自动摘要生成、文章排版等；在智能客流管理方面，可对商场、机场等公共场所的人流进行预测，对热点区域进行检测等。

(3) 道德准则。ChatGPT 训练过程中严格遵循道德标准，按照预先设计的道德准则对不怀好意的提问和请求进行过滤。一旦检测到用户输入的文字含有恶意，如暴力、歧视、犯罪等意图，系统将拒绝提供有效答案。

(4) 定制化和个性化。随着技术的发展，ChatGPT 在定制化和个性化方面持续优化。例如，OpenAI 为 ChatGPT 添加了名为 Custom instructions(客户指令)的新功能，允许在系统层面给聊天机器人定制特定指令，不仅使机器人更具有个性化特色，还能更精准地贴近使用者的需求。

2. ChatGPT 的基本原理和安全隐患

ChatGPT 之所以具备如此强大的功能，其基本原理值得深入探究。其名称中的 G、P、T 分别代表三个模型。

(1) "G"：生成式语言模型(Generation)。语言模型是什么，就是给定上文，预估下一个词出现的可能性，相当于文字接龙。例如，听到"不听老人言"后，人们通常会下意识地想到"吃亏在眼前"，这个过程不需要任何语法解析和逻辑推理，单纯就是听的次数多形成的直觉经验。若将足够多的句子输入机器，使其学习这种经验，便能模拟出类似的效果。以 ChatGPT 为例，当用户输入 "你好"时，系统会根据之前在全网统计过的数据，如"你好吗"占 20%，"你好高"占 30%，"你好美"占 50%，然后根据这些概率随机选一个词作为输出。例如，输出了概率最高的"美"，随后再把"你好美"再次作为输入，生成下一个词。以此类推，用文字接龙的方式不断生成词语构造出句子。这就是 ChatGPT 中的 G 所代表的生成过程，具体方式是算概率、学接龙。

(2) "T"：转换器模型(Transformer)。举个例子，"他发现了隐藏在这个光鲜亮丽的显赫家族背后令人毛骨悚然的____"，请推测下一个词。你可能会填"秘密"，但究竟是哪个词语促使你做出这一选择的呢？显然不是"令人毛骨悚然的"。若仅凭此短语，你可以填"照片""故事""信息"等。实际上决定你填秘密这个词的更可能是"发现""隐藏""背后"这几个词，这对回答正确答案起到了关键作用。普通语言模型中，词语离得越远，对生成下一个词所起的作用就越小，这限制了生成质量。2017 年，谷歌翻译团队在论文中提出了 Transformer 模型，也可以叫"转换器"，它能有选择性地关注信息的关键部分。通过关注"发现""隐藏""背后"三个词，便能联想到"秘密"。这就是 ChatGPT 中的 T 所代表的

Transformer 转换器模型。

(3) "P"：预训练模型(Pre-trained)。预训练模型的基础在于向机器输入大量文本资料进行学习。ChatGPT 所使用的文本数据量极为庞大，大约 45 TB。这是什么概念呢，其约等于 472 万套我国古代四大名著的文本量。从内容上看，这些文本至少包括：① 维基百科，赋予模型跨语种能力和基本常识；② 网络语料，使模型掌握流行内容和大众对话；③ 书籍，培养模型学会讲述故事的能力；④ 期刊，让模型学会严谨理性的语言组织能力；⑤ 代码网站，使模型具备书写程序代码的能力。通过广泛地从网络上获取信息进行学习，ChatGPT 已经可以生成不错的答案了，但是可能出现一些奇怪答案。比如，问"世界上最高的山是哪座"时，它可能给出的答案是"喜马拉雅山"，也可能给出"谁来告诉我呀"这个答案。后者是因为它在学习过程中接触到了一篇帖子，题目是"世界上最高的山是哪座？谁来告诉我呀"。因此，在预训练的基础上，还需要进行大量人工干预，明确告知 ChatGPT 刚刚这类问题我们更喜欢听到肯定句而不是疑问句。经过这样的训练，ChatGPT 已经具备了强大的通用语言能力，稍加微调就可以完成特殊任务，不需要每次从头训练，所以被称为"预训练模型"，也就是 ChatGPT 中的 P。

尽管 ChatGPT 在技术层面取得了显著进展，但从信息安全的角度来看，其存在诸多潜在隐患。ChatGPT 具有强大的数据采集、传输与逻辑推理能力，能够深度嵌入社交软件、搜索引擎、浏览器等网络平台，这一定程度上对信息的安全性构成了严重威胁。ChatGPT 的安全隐患主要体现在以下三个方面：

(1) 容易"被窃密"。ChatGPT 输入的内容都会传输至美国 OpenAI 公司的后台，并作为后续语料输入的一部分，若用户输入的是工作相关的敏感信息，便相当于信息被窃取。例如，2023 年 3 月，三星公司引入 ChatGPT 以提高工作效率，但是却在 20 天内发生了三起泄密事件。一名员工在进行软件测试的时候，把出现问题的代码发给 ChatGPT，请教解决办法，导致三星的部分涉密代码泄露。另一名员工使用 ChatGPT 将含有三星硬件机密信息的会议记录转换成 PPT，这些信息随后成为训练 ChatGPT 的最新语料库，无法真正删除。目前 ChatGPT 的核心技术完全掌握在美国的 OpenAI 手中，无论是直接使用 ChatGPT 还是使用内置有 ChatGPT 的应用软件，所有聊天记录都会实时回传到美国的服务器中。如果教师使用 ChatGPT 制作涉密课程的课件，学生使用 ChatGPT 撰写涉密论文，工作人员使用 ChatGPT 编写涉密材料或工作总结，则很容易出现失泄密的情况。

(2) 容易"被推理"。获取情报的方式主要包括网上搜索、策反购买和技术窃取，其中网上搜索已经成为最主要的方式。美国某情报专家指出：情报的 95% 来自公开资料，4% 来自半公开资料，仅 1% 或更少来自机密资料。无论是直接与 ChatGPT 闲聊，还是使用深度嵌入 ChatGPT 的浏览器、搜索引擎、社交软件，看似每一次都没有涉密，但是从这些微弱信号和蛛丝马迹出发，基于严密的逻辑推理，完全可以得到高密级信息。ChatGPT 推出 2 个月后月活人数就突破 1 亿人次，庞大的访问量实际上给 ChatGPT 提供了大量训练语料，也成为重要的情报来源。因此，"你在用 ChatGPT，ChatGPT 也在用你"。另外，使用次数越多，收集到的用户特征就越多，就越容易被 ChatGPT 进行人物画像。如果我们经常使用 ChatGPT 查询某一特定领域的资料，了解特殊领域的信息，很容易暴露自己的身份。一旦被推理出某种身份，通过对话诱导和黑客技术等方式还可进一步获取更多涉密信息。

(3) 容易"被洗脑"。目前不少人潜意识认为 ChatGPT 是完全由计算机训练出来的，具有客观性，不会出错，没有政治立场和倾向性。然而，ChatGPT 训练高度依赖数据，依赖人工干预。有句话叫"有多少智能背后就有多少人工"。西方国家依靠先发优势，企图实现信息霸权主义。

3. ChatGPT 的安全对策

(1) 智能化不代表自由化，需克服"无必要论"。

目前各国都在加紧研制各个国家各行各业的 ChatGPT 类人工智能技术，国内企业如百度、阿里等公司也发布了类似产品。目前我国尚未禁止访问国内类似软件及其代理接口，但使用这些软件仍存在失泄密风险，学习先进技术的同时一定要警惕潜在的安全隐患。

为了最大限度保障安全，在涉及工作秘密的情况下，应严格禁止使用集成有 ChatGPT 开发插件的手机、手环等电子产品；严禁下载使用和违规访问集成有 ChatGPT 等国(境)外人工智能工具及其插件的应用软件。这些措施不是小题大做，要坚决摒弃"没有必要"的思想，充分认识到 ChatGPT 在安全方面可能带来的严重风险隐患。

(2) "翻墙"上网等同偷渡过境，需提升鉴别力。

目前，国内使用 ChatGPT 官方服务是需要"翻墙"的，部分人员对于"翻墙"的定义及其违规行为的界定仍存在模糊认识。"翻墙"里的"墙"是指国家为过滤某些国外网站有害内容而设置的技术屏障，一些网站在国内是打不开的。一个简单判断"翻墙"行为的方法是，上直接能访问的国外网站不属于"翻墙"，若无法直接访问，需借助特定插件才能打开某国外网站，通常即为"翻墙"行为。另外，相关规定明确禁止随意从国(境)外网站下载安装应用软件。但从近期一项针对 00 后学生的调查问卷中发现，超过四成 00 后的大学新生经常在 steam 游戏平台上下载游戏，却未意识到该网站为美国游戏平台。因此，无论是管理人员还是普通公民，都应该提高正确鉴别违规行为的能力。如准确判断是否"翻墙"、是否是境外软件、是否集成了 ChatGPT，等等。

(3) 学习先进科技更要强化安全意识，警惕科技渗透。

20 世纪 90 年代，互联网开始进入中国。互联网在中国的发展过程中，意识形态领域的渗透逐渐显现。很多互联网公司的负责人表示 ChatGPT 的出现不亚于互联网的诞生。随着智能化时代到来，以 ChatGPT 为代表的人工智能工具最先起源于西方国家，未来将深度改变世界运行方式。我们必须充分认清西方国家利用部分科技领域的先发优势进行意识形态渗透的严峻形势，警惕通过科技手段实施的和平演变企图。

7.3　大数据技术与安全

7.3.1　大数据相关技术简介

在信息化、数字化时代，数据已成为推动社会发展的关键要素。大数据技术作为处理、分析和应用海量数据的关键技术，已广泛应用于金融、医疗、公共服务、电子商务、制造业、农业等多个领域。大数据技术是指从各种各样类型的数据中，快速获得有价值信息的能力。其涵盖数据收集、存储、处理、分析、应用等多个环节，涉及云计算、分布式处理、数据挖掘、机器学习等诸多技术领域。大数据技术具有数据量大、类型多、处理速度快、价值密度低等特点。其中，数据量大是其核心特征，它能够处理 PB(Petabyte，千万亿字节)乃至 EB(Exabyte，百亿亿字节)级的数据。类型多意味着大数据包含结构化、半结构化和非结构化等多种类型的数据。处理速度快即要求在短时间内完成数据的处理和分析。价值密度低则意味着大数据中的有用信息往往隐藏在海量数据中，需要通过高效的数据处理技术来提取。

在大数据时代，数据被视为一个独立的实体，其质量、可用性、准确性等变得至关重要。大数据技术通过优化数据处理流程，提高数据质量和可用性，进而支持更准确的决策和判断。大数据技术的发展使得数据本身变成了有价值的商品。通过挖掘和分析大数据中的有用信息，人们能够发现新的见解和机会，为企业的创新和发展提供支持。与传统的统计分析方法相比，大数据技术允许人们利用所有的数据来进行分析。全样本分析能够提供更为全面和深入的见解，有助于揭示海量数据中隐藏的有用信息。在大数据领域，人们更加注重如何在保证一定精度的前提下提高计算效率。通过探索数据之间的相关性，人们可以发现一些有趣的模式和规律，为企业的决策提供有力支持。

大数据技术不仅是一种数据处理的技术，更是一种全新的思维方式和方法论。它涵盖了数据的采集、存储、处理、分析、应用等多个环节，涉及的技术领域广泛而复杂。大数据技术的技术构成主要包括数据采集技术、数据存储技术、数据处理技术、数据分析技术、数据应用技术等方面。这些技术相互关联、相互依存，共同构成了大数据技术的完整体系。

1. 数据采集技术

数据采集技术是大数据技术的起点，其核心功能是从各种数据源中高效地收集数据。该技术包括数据抓取、数据抽取、数据清洗等技术。数据抓取技术通过爬虫程序的编写和部署，实现对互联网海量数据的自动抓取；数据抽取技术专注于从各种数据库、文件系统中抽取数据；数据清洗技术则对采集到的原始数据进行预处理，去除重复、错误、无效的数据，提高数据质量。

2. 数据存储技术

数据存储技术用于存储和管理海量数据。面对数据量的指数级增长，传统的数据存储方式已经无法满足日益膨胀的存储需求。因此，分布式文件系统、数据库等技术应运而生。分布式文件系统(如 Hadoop HDFS、Google GFS 等)通过将数据分散存储在多个节点上，增强了数据的可靠性和可扩展性。数据库技术则包括关系型数据库、NoSQL 数据库等，它们各有优缺点，适用于不同的应用场景。

3. 数据处理技术

数据处理技术是对数据进行加工、转换、整合等操作的技术。它包括数据预处理、数据挖掘、机器学习等技术。数据预处理技术可以对数据进行清洗、转换、集成等操作，提高数据的质量和可用性。数据挖掘技术可以从海量数据中发现有用的信息和知识，为企业的决策提供支持。机器学习技术则通过训练模型，让计算机能够自动学习和优化数据处理过程。

4. 数据分析技术

数据分析技术是实现数据向有价值信息转化的关键环节。它包括统计分析、可视化分析等技术。统计分析技术可以对数据进行描述性统计、推断性统计等操作，发现数据中的规律和趋势。可视化分析技术则可以将数据以图形、图像等形式展现出来，让人们更加直观地理解数据。

5. 数据应用技术

数据应用技术是将大数据技术与实际业务场景深度融合的技术。它涉及多个领域和行业，如金融、医疗、电商、物流等。在金融领域，大数据技术可以用于风险评估、信用评级、欺诈检测等方面；在医疗领域，大数据技术可以用于疾病预测、治疗方案优化等方面；在电商领域，大数据技术可以用于用户行为分析、精准营销等方面。

随着大数据技术的不断发展，一些前沿技术也相继涌现。例如：流处理技术可以实时处理数据流，满足实时性要求较高的应用场景；图计算技术可以处理海量图数据，发现图数据中的关联和规律；深度学习技术可以自动学习数据的特征表示，提高数据处理的效率和准确性。然而，大数据技术在带来巨大机遇的同时，也面临着诸多挑战。数据安全和隐私保护问题日益突出，成为亟待解决的难题；技术更新换代速度快，企业需要不断投入研发成本；数据质量参差不齐，需要花费大量时间和精力进行清洗和整合。但正是这些挑战推动着大数据技术的不断发展和创新。大数据技术已经成为推动社会进步、经济发展的重要力量。其技术组成包括数据采集技术、数据存储技术、数据处理技术、数据分析技术、数据应用技术等方面。这些技术相互关联、相互依存，共同构成了大数据技术的完整体系。未来，随着技术的不断发展和创新，大数据技术将在更多领域得到广泛应用与深入发展，为社会各行业带来更加深远的影响。

7.3.2　大数据时代的安全挑战

随着信息技术的飞速发展，我们已经步入了大数据时代。在这个时代，数据成了一种宝贵的资源，它不仅能够揭示出各种规律，还能够预测未来趋势，为企业决策、政策制定等提供重要支持。然而，随着数据量的不断增长，数据的安全问题也日益凸显。大数据是由具有数量大、种类多、类型复杂的数据，以存取速度快、应用价值高等特征聚合在一起的数据集合，但其本质并不仅仅是一种数据集合，更是一种数据处理技术。新技术的出现往往伴随着信息安全问题的产生。

信息安全泄密事件的频繁发生，使得信息安全问题越来越受到各个国家国防、企业的重视，尤其是在"棱镜门"事件发生后，更是引起了各个国家领导人的广泛关注。

1. 信息安全挑战的主要方面

在大数据背景下，信息安全工作主要有以下几方面的挑战。

1) 数据垃圾泄密的可能性

数据垃圾是指那些已经失去价值与作用的数据，它是信息时代的产物，如垃圾短信、垃圾邮件等。以往，数据垃圾是在数据的使用、存储过程中产生的不再需要的数据，是需要被清除与抛弃的。而在大数据时代，数据垃圾有其独特的价值，通过数据挖掘和数据分析技术，可以从其中提取一些敏感信息，使其成为获取情报与信息的潜在途径，信息安全工作者需对此保持高度警惕。

2) 黑客与病毒的恶意攻击

随着大数据不断拓展业务范围、深入渗透至各行各业，也为网络黑客和病毒提供了良好的"栖息地"，对大数据的应用与发展构成了严重威胁。由于大数据具有存储数量大、价值高、管理模式开放等特点，容易导致数据丢失，并为黑客、病毒提供了可乘之机。未来，大数据的技术革新在为社会创造价值的同时，也可能给黑客与网络病毒攻击提供新的渠道，进而威胁到国家的信息安全。

3) 系统与软件漏洞的威胁

软件与网络中的漏洞种类繁多，层出不穷。网络漏洞主要是网络协议漏洞，如 TCP/IP 协议、UDP 协议、报文控制协议等。网络协议漏洞存在主要是网络通信协议设计的不完善所造成的，通常会造成信息安全隐患。软件漏洞包括操作系统漏洞、数据库漏洞等，这些漏洞的产生是由于软件设计的多样性所造成的，例如，操作系统需要定期更新补丁以防范系统漏洞带来的威胁。

4) 数据泄露、滥用与篡改风险

(1) 数据泄露风险：由于大数据系统中存储着大量的个人信息、商业机密等敏感数据，一旦这些数据被非法获取或被泄露，将会对个人隐私、企业利益以及国家安全造成严重影响。

(2) 数据滥用风险：在大数据分析中，通过分析用户的行为数据、交易数据等，可以挖掘出用户的消费习惯、兴趣爱好等敏感信息。这些数据如果被不法分子利用，将会对用户的隐私安全构成威胁。

(3) 数据篡改风险：在大数据传输和存储过程中，数据可能会被非法篡改或破坏，导致数据的真实性和完整性受到破坏。这不仅会影响数据的分析结果，还会对基于数据做出的决策产生负面影响。

2. 信息安全挑战的来源

大数据时代信息安全挑战的来源是多方面的，主要体现在以下三个方面。

(1) 技术层面的挑战：大数据技术的持续演进加剧了数据处理规模的扩大、速度的加快和复杂度的提升。然而，这一进程也对数据安全提出了更高的技术要求。如何确保数据在传输、存储和处理过程中的安全性，是大数据技术需要解决的重要问题。

(2) 管理层面的挑战：在大数据时代，数据的来源和流向变得更加复杂，这给数据的管理带来了极大的挑战。如何确保数据的合规性、完整性和可用性，防止数据泄露和被滥用，是大数据管理需要解决的重要问题。

(3) 法律层面的挑战：在大数据时代，数据的隐私保护问题愈发凸显。然而，现行的法律法规在数据隐私保护方面存在诸多不足，难以完全适应大数据时代的需求。如何制定和完善相关法律法规，保护用户的隐私权和数据安全，是大数据时代需要解决的重要问题。

3. 信息安全挑战的特点

在大数据时代，信息安全挑战呈现出独有的特征，主要体现在以下"三性"：

(1) 复杂性：大数据时代的安全挑战具有复杂性。这主要表现在数据的来源、类型、格式等方面多种多样，给数据的安全带来了极大的难度。

(2) 隐蔽性：在大数据时代，数据的安全问题往往具有隐蔽性。很多数据泄露和滥用事件都是在不知不觉中发生的，难以被及时发现和制止。

(3) 关联性：在大数据时代，数据之间的关联性越来越强，数据不再是孤立存在的，而是通过各种方式相互关联，形成复杂的数据网络。一个数据点的泄露或滥用，往往会影响到与之相关的其他数据点，甚至可能对整个数据系统造成威胁。

7.3.3 大数据时代安全应对对策

伴随着新技术的迭代更新，海量数据的产生并没有被合理地利用，从而催生了大数据分析技术，信息安全技术管理人员若能充分发挥以数据为驱动的安全防御手段并掌握大数据分析技术，便能将安全管理工作提升至新的高度，实现防患于未然。传统的安全工作多聚焦于局部防护，而大数据技术则为全方位解决安全问题提供了可能。在网络中的一切行为都会留下痕迹，这些痕迹表现为各种形式，如计算机的日志事件记录、防火墙的警告、安全产品的警告、网络的流量等。不管是先进的 APT 攻击，还是传统的恶意程序、账户劫持等安全攻击，所有的攻击行为都会在涉密信息系统内留下"蛛丝马迹"，而这些痕迹分散于涉密单位的各个孤立的涉密信息系统中。如果能够将这些信息孤岛连接，整合所有痕迹信息，并进行有效的数据分析，将有效地预防泄密事件，并缩小发现泄密事件的时间。但是每一个涉密信息系统所产生的数据都在快速增长，且类型复杂、攻击来源多样，导致与原有的数据库、数据仓库难以兼容，需要新的技术支持方可应对数据分析之难题。

大数据分析技术目前已被应用于各行各业系统中，尤其是在信息安全分析领域发挥着重要作用。例如，电信运营商通过大数据分析技术挖掘出恶意电话，金融行业借助该技术对市场的风险等级进行划分等。同样，在管理技术应用方面，大数据技术也展现出了巨大潜力，例如可以将海量的数据融入同一个监管系统中，实现全生命周期监控涉密人员的动态、涉密载体的全生命周期管理以及提醒功能等。这些案例都说明大数据在数据挖掘、信息安全数据分析等方面有效可行。下面针对大数据时代信息安全工作的开展思路与对策提出几点建议。

1. 增强信息安全意识

鉴于大数据时代信息的复杂性、多样性，保障信息安全的首要任务是增强公众的信息安全意识，企事业、政府、科研机构等机关及机构更应加强日常信息安全的教育培训，使公众在享受互联网带来便利的同时保护好自己的个人信息，尤其是在浏览、登录陌生网站时，应谨慎防范恶意网站带来的病毒。此外，政府还要加强对数据安全的监督管理，确保数据管理的有效性和可控性，降低数据泄露风险，并在信息安全领域制定相应管理制度。

2. 加大安全技术革新力度

大数据技术的快速发展使得传统信息安全技术的局限性日益凸显，但同时也促进了信息安全技术的发展，并为其指明了方向。在大数据背景下，信息安全技术的研究需融合物联网、云计算等多元技术，这为技术研发与创新带来了诸多挑战，需要加大人力、物力、财力的投入，并加快技术创新步伐，以确保安全技术不断进步，适应新技术的发展需求。在加强技术防范方面，可采取以下多种技术手段。

(1) 数据加密技术：运用先进的加密算法对敏感数据进行加密处理，确保数据在传输、存储和处理过程中的安全性。同时，定期更新加密算法和密钥，以抵御黑客破解的风险。

(2) 访问控制技术：建立严格的访问控制机制，对数据的访问实施权限管理。通过身份验证、角色授权等手段，确保只有经过授权的用户才能访问数据。

(3) 防火墙和入侵检测技术：部署高效的防火墙和入侵检测系统，实时监测和拦截外部攻击。同时，定期开展系统安全漏洞扫描和风险评估，及时发现并修复潜在的安全隐患。

(4) 数据备份和恢复技术：建立完善的数据备份和恢复机制，确保在数据遭受攻击或损坏时能够及时恢复。同时，对数据进行定期备份和异地存储，防止数据丢失或损坏。

3. 加强信息安全管理措施

在技术革新的同时，还需加强必要的防护措施，以满足对外部和内部的安全要求。例如，采用高安全性的系统和数据加密技术、安装防病毒软件和防火墙、安装入侵检测系统及网络诱骗系统等技术措施。部署专用的安全设备和软件，能够对本单位的涉密信息系统起到保护作用，各单位应结合国家标准并根据自身的实际情况选择安全防护设备及产品。完善管理制度可以从以下方面着手。

(1) 制定数据安全政策：明确数据的安全要求和标准，规范数据的采集、存储、处理和分析等流程。同时，加强数据的安全宣传和教育，提高员工的安全意识。

(2) 建立数据安全组织体系：成立专门的数据安全组织或部门，负责数据的安全工作，明确各级组织和人员的职责和权限，形成齐抓共管的工作格局。

(3) 加强数据审计和监控：建立数据审计和监控机制，对数据进行实时监控和审计。通过数据分析、日志审计等手段，发现数据泄露和滥用行为，及时采取应对措施。

(4) 加强数据安全管理培训：定期开展数据安全管理培训，提升员工的数据安全管理能力。通过案例分析、实战演练等方式，增强员工的安全意识和应急处置能力。

4. 健全法律法规体系

体系是管理的灵魂，一个有效的体系能够保证管理工作的有效运转。在大数据快速发展的前提下，我们不仅要致力于安全技术的创新，还应着力构建完善的法律法规体系。考虑到大数据环境下个人信息安全和国家信息安全面临的严峻挑战，有必要对违法的请求行为进行有效规制。只有在法律体系健全的情况下，才能对不法分子产生足够的威慑力，进而保护大数据的安全。加强法律法规建设可以从以下方面着手。

(1) 完善数据隐私保护法律法规：制定和完善关于数据隐私保护的法律法规，明确数据的所有权、使用权、隐私权等权益归属。同时，加大对数据泄露和滥用行为的打击力度，提高违法成本，使潜在的不法分子因畏惧法律制裁而不敢轻易触碰数据隐私底线。

(2) 加强行业自律：鼓励行业组织制定自律规范和标准，引导企业主动加强数据安全管理。同时，强化行业监督和评估机制建设，推动整个行业健康发展。

目前，已经有一些单位运用大数据分析技术进行风险预测与安全评估。可以看到，大数据不仅与个人相关，还关乎单位的发展与安危，甚至与国家安全相关。在风险与机遇并存的大数据时代，若我们能有效地降低风险，抓住机遇，将信息安全管理工作提升至更高水平，将对维护国家安全作出重要贡献。

第三部分

信 息 安 全 实 验

第 8 章 信息安全实验

信息安全实验包括四个部分：计算机系统及信息设备安全实验、移动通信系统安全实验、声光电磁技术安全实验和常用办公设备安全实验。

8.1 计算机系统及信息设备安全实验

8.1.1 弱口令破解实验

1. 实验目的

(1) 了解弱口令的特点。

(2) 了解弱口令破解的步骤。

(3) 熟悉防范口令破解的策略。

2. 实验准备

(1) 搭建靶机：在计算机 A 上安装虚拟机 A，再给虚拟机 A 安装 Windows 7 操作系统，之后启动虚拟机 A 的远程连接，如图 8-1 所示。

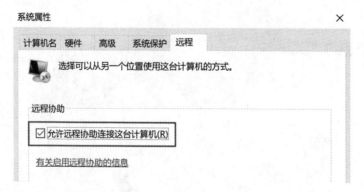

图 8-1　设置远程连接

(2) 搭建主控机：在计算机 B 上安装虚拟机 B，再给虚拟机 B 安装 Windows 7 操作系统，然后在虚拟机 B 上安装如图 8-2 所示的口令破解程序。

图 8-2　口令破解程序

(3) 配置网络，使靶机与主控机 ping 通。

3. 实验过程

(1) 打开靶机，让靶机运行到用户登录界面。

(2) 打开主控机，在主控机上运行口令破解程序。

在口令破解程序的软件 IP 输入栏输入靶机的 IP(演示实验中为 192.168.0.129)，单击"开始猜解"。猜解成功后，把猜解密码字典拷贝到粘贴板，在自动弹出的连接框中单击连接，粘贴密码至密码框中，远程连接靶机，如图 8-3 所示。

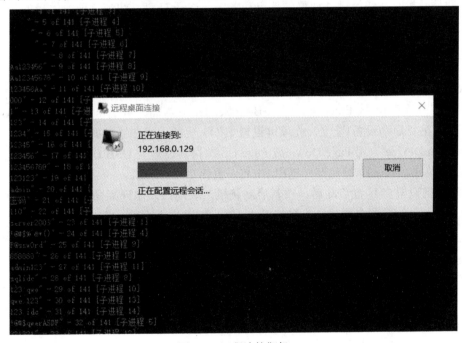

图 8-3　远程连接靶机

连接成功后，主控机可以读取靶机上的文件。

4. 实验反思和防范策略

本次实验是远程破解操作系统的弱口令，攻击方法是采用暴力破解。之所以攻击成功，主要是因为靶机的操作系统登录口令安全强度低，并开启了远程连接。因此，其防范策略如下：

(1) 设置安全口令：口令设置不能少于 10 个字符，最好采用一次性口令或指纹、人脸等生物特征鉴别方式。

(2) 使用计算机时关闭远程连接。如图 8-1 所示，将系统属性中"允许远程协助连接这台计算机"勾选去掉。

8.1.2 Windows 口令绕过实验

1. 实验目的

(1) 了解 Windows 口令绕过的方法和步骤。

(2) 掌握防范 Windows 口令绕过的策略。

2. 实验准备

(1) 将一台安装了 Windows 7 操作系统的计算机作为靶机。

(2) 制作 U 盘系统盘，内置旁路绕过系统。

3. 实验过程

(1) 打开靶机，插入内置旁路绕过系统的 U 盘。

(2) 设置 U 盘启动靶机的 BIOS，一般有以下两种方法：

一种是开机时按快捷键，调整硬件启动顺序，选择 U 盘。快捷键要看主板的型号，现在一般都是开机按 F11 或 F12 键，华硕的是 F8，联想一般为 F12。

另外一种是在 BIOS 里面调整启动顺序。启动计算机，按 F2/Del 键，进入主板 BIOS 界面。根据主板说明书，选择引导次序。以 Award BIOS 为例：进入主板 BIOS 界面，选择 Advanced BIOS Features(高级 BIOS 功能设定)，在 Advanced BIOS Features 界面选择 Boot Sequence(引导次序)，按 Enter 键，进入 Boot Sequence 界面，有"1st/2nd/3rd Boot Device" (第一/第二/第三启动设备)选项，此项可设置 BIOS 要载入操作系统的启动设备的次序，选择"1st Boot Device"(用 Page Down 或 Page Up 键将其设置为 USB HDD，按 Esc 键退回到 BIOS 的主菜单，按 F10 键保存并退出 BIOS，重新启动计算机。

(3) 靶机设置完 U 盘启动后，重新启动靶机，启动后，出现界面按 Enter 键即可。

(4) 进入系统登录桌面后，直接按 Enter 键，即可进入桌面，完成绕过口令攻击。

4. 实验反思和防范策略

本次实验是利用 BIOS 设置 U 盘开机启动完成绕过口令攻击。其防范策略如下：

(1) 使用计算机要同时设置系统开机口令和 BIOS 口令，防止窃密者利用 BIOS 更改启动设备。

(2) 对于安全性要求比较高的计算机设备，可以采用物理方法堵塞 USB 端口，比如用热熔胶焊死等方式。

(3) 防止采用光盘进行同样的绕过口令攻击。

8.1.3 U 盘摆渡实验

1. 实验目的

(1) 理解 U 盘摆渡的概念。

(2) 了解 U 盘摆渡攻击的步骤。

(3) 掌握 U 盘摆渡攻击的防范策略。

2. 实验准备

(1) 靶机：一台 Windows 7 操作系统的计算机，模拟内网机，不连接互联网。

(2) 主控机：一台 Windows 7 操作系统的计算机作为主控机，连接互联网。

(3) 一只内置摆渡演示系统的 U 盘。

3. 实验过程

(1) 在主控机中对摆渡 U 盘进行设置，输入准备窃取的文件所包含的关键词，如图 8-4 所示。

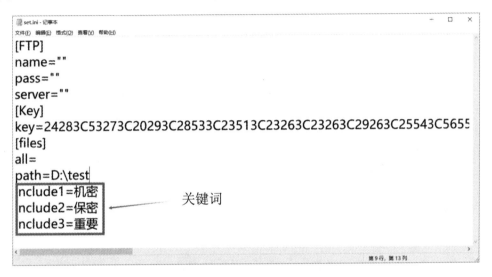

图 8-4　摆渡程序设置

(2) 模拟窃密者将 U 盘插入内网计算机，等待 40～60 s，窃取内网计算机中的文件。

(3) 拔掉 U 盘，插入主控机，U 盘中的文件会打包发送至主控机，打开主控机上相应的文件目录，浏览窃取到的文件。

4. 实验反思和防范策略

本次实验是利用 U 盘进行摆渡攻击，将文件从物理隔离的计算机摆渡到联网计算机。其防范策略为：

(1) 严格遵守防范网络失泄密禁令，禁止移动存储设备在内网计算机和联网计算机之间交叉连接。

(2) 对于安全性要求比较高的计算机设备，可以采用物理方法堵塞 USB 端口，比如用热熔胶焊死等方式。

(3) 防止采用光盘进行同样的摆渡攻击。

8.1.4　计算机窃取 U 盘信息实验

1. 实验目的

(1) 了解计算机窃取 U 盘信息的步骤。

(2) 掌握 U 盘信息被窃取的防范策略。

2．实验准备

(1) 一台 64 位 Windows 7 操作系统的计算机作为主控机，内置窃取 U 盘信息的程序，连接互联网。

(2) 一只普通 U 盘，内有文件。

3．实验过程

(1) 在主控机中对窃取程序进行设置，输入演示窃取的文件关键词，如图 8-5 所示。

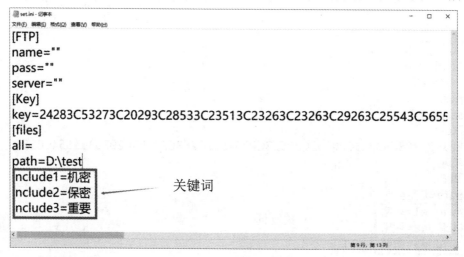

图 8-5　窃取程序设置

(2) 将 U 盘插入主控机，等待 40~60 s，窃取 U 盘中的文件。

可以打开主控机中的相应的文件目录，浏览窃取到的文件。

4．实验反思和防范策略

本次实验是利用计算机上的 U 盘窃取程序对 U 盘上的文件进行窃取。其防范策略如下：

(1) 严格遵守防范网络失泄密禁令，禁止移动存储设备在内网计算机和联网计算机之间交叉连接。

(2) 选购正规厂商的移动存储介质，选择具有加密功能的 U 盘，对 U 盘进行全盘加密，使用 U 盘内置的防病毒和恶意软件扫描功能自动检测并阻止恶意代码的传播。

8.1.5　特种木马实验

1．实验目的

(1) 了解计算机木马的概念。

(2) 了解利用计算机特种木马进行窃密的步骤。

(3) 掌握防范计算机木马的策略。

2．实验准备

(1) 一台 64 位 Windows 7 操作系统的计算机作为靶机，在靶机上安装特种木马服务器端。

(2) 一台 64 位 Windows 7 操作系统的计算机作为主控机，在主控机上安装特种木马客户端。

3. 实验过程

(1) 靶机开机，特种木马系统将自动运行。

(2) 主控机开机，运行特种木马演示系统.exe 文件，如图 8-6 所示。

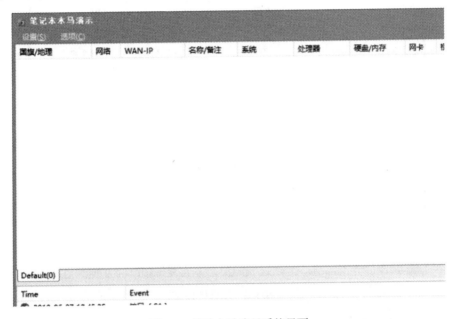

图 8-6　特种木马演示系统界面

(3) 主控机通过计算机特种木马演示系统能实现以下功能。

① 文件管理：在图 8-6 界面左侧空白处(下同)单击鼠标右键，选择"主机操作"→"文件管理"，如图 8-7 所示。

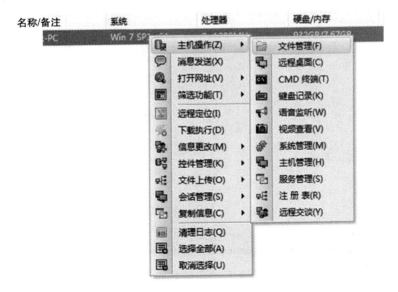

图 8-7　主机操作界面

进入文件系统，可以新建、删除、上传、下载文件等，如图 8-8 和图 8-9 所示。

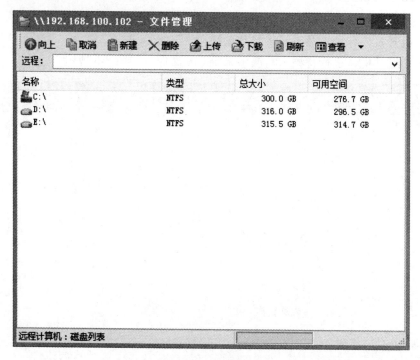

图 8-8　文件管理

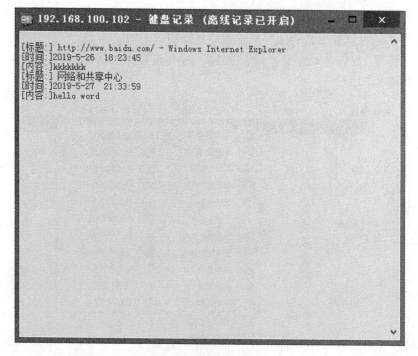

图 8-9　查看键盘记录

② 语音监听：单击鼠标右键，选择"主机操作"→"语音监听"，打开"正在监听远

程声音"界面，如图 8-10 所示。

图 8-10　语音监听

③ 视频查看：单击鼠标右键，选择"主机操作"→"视频查看"，可以进行视频查看、拍照、录像等。

④ 系统管理：单击鼠标右键，选择"主机操作"→"系统管理"，可以查看系统进程、窗口、拨号密码、浏览器浏览记录、收藏夹等。

⑤ 主机管理：单击鼠标右键，选择"主机操作"→"主机管理"，可以查看计算机基本配置信息。

⑥ 服务管理：单击鼠标右键，选择"主机操作"→"服务管理"，可以查看系统服务，停止删除服务。

⑦ 打开网址：单击鼠标右键，选择"主机操作"→"打开网址"(显示/隐藏访问)，可以查看网址。

⑧ 会话管理：单击鼠标右键，选择"会话管理"，可以进行会话管理。

⑨ 清理日志：单击鼠标右键，选择"清理日志"，可以清理操作日志，防止被用户发现。

4. 实验反思和防范策略

本次实验是利用特种木马在主控机上实现对目标计算机进行文件管理、远程桌面控制、命令操作、键盘记录、语音监听、视频查看、系统管理等控制操作。其防范策略如下：

(1) 使用计算机时定期检查系统漏洞和常用软件漏洞，安装最新补丁。

(2) 安装杀毒软件和防木马软件，并保持更新。

(3) 不点击不明来源的链接，谨慎进行外来文件操作，防止木马侵入计算机。

8.2　移动通信系统安全实验

8.2.1　手机红包实验

1. 实验目的

(1) 了解手机红包安全风险。

(2) 掌握防范手机红包风险的策略。

2. 实验准备

(1) 演示手机 1 部。

(2) 窃密机：安装 Windows 7 操作系统的计算机 1 台。

(3) 窃密机上安装红包泄密演示服务器程序。

(4) 准备一个红包二维码。

注意：手机与窃密机连接相同的 Wi-Fi，保证在同一个局域网中。

3. 实验过程

(1) 在窃密机上打开桌面软件 ，运行界面如图 8-11 所示。

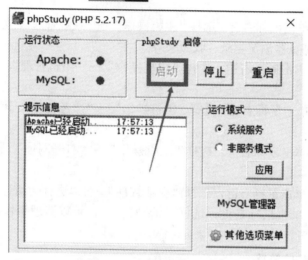

图 8-11　红包程序服务器

(2) 打开支付宝或手机浏览器，扫描如图 8-12 所示的二维码。

图 8-12　红包二维码

手机界面出现如图 8-13 所示的界面。

图 8-13　打开红包

单击"现金红包提现",如图 8-14 所示。

图 8-14　红包提现

用户输入个人账户信息进行提现,如图 8-15 所示。

图 8-15　输入个人账户信息

单击"全部提现",如图 8-16 所示。

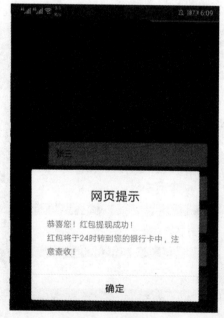

图 8-16　提现成功

在这个过程中,用户的个人隐私信息已经被窃取并上传到了红包泄密演示服务器中。

(3) 服务器端打开列表,就可以看到刚才输入的个人隐私信息,如图 8-17 所示。

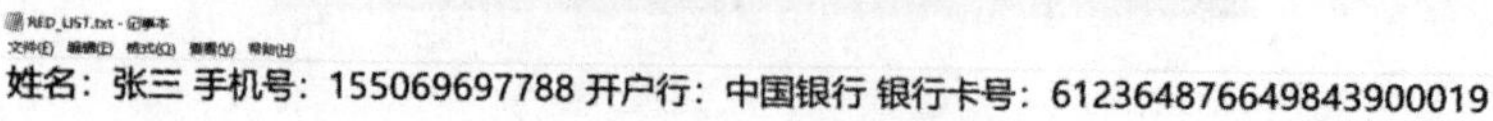

RED_LIST.txt - 记事本
文件(F) 编辑(E) 格式(O) 查看(V) 帮助(H)
姓名:张三 手机号:155069697788 开户行:中国银行 银行卡号:612364876649843900019

图 8-17　个人隐私信息

4．实验反思和防范策略

本次实验是利用红包二维码诱惑用户扫码领红包时填写个人信息，对个人信息进行窃取。其防范策略如下：

(1) 对于来历不明的二维码不要去点。

(2) 在进行网上操作时谨慎填写个人隐私信息。

8.2.2　二维码木马植入手机实验

1．实验目的

(1) 了解二维码木马植入手机的方法和步骤。

(2) 掌握防范二维码木马植入手机的策略。

2．实验准备

(1) 演示手机 1 部。

(2) 窃密机：安装 Windows 7 操作系统的计算机 1 台。

(3) 窃密机上安装手机木马演示系统的服务器端。

(4) 演示用的二维码。

注意：手机与窃密机需要通过有线或无线网络相连通，可通过连接同一个 Wi-Fi 实现。

3．实验过程

(1) 在黑客机上打开桌面软件 ，单击 OK，如图 8-18 所示。

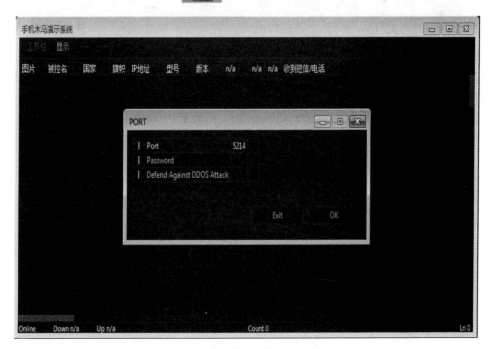

图 8-18　手机木马演示系统

(2) 打开手机浏览器，扫描如图 8-19 所示的二维码。

图 8-19　带木马程序的二维码

手机会弹出一个安装界面，显示为系统通知应用安装，单击"确定"，手机就会不知不觉地被植入木马程序。

(3) 等待 5~10 s，手机上安装的木马程序自动连接到黑客演示系统中，如图 8-20 所示。

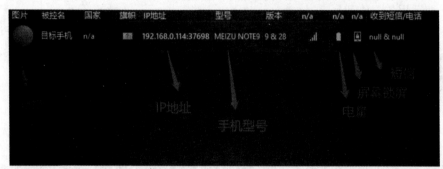

图 8-20　手机木马程序自动连接到黑客演示系统

(4) 远程窃密机上的手机木马演示系统的服务器端能实现对目标手机的以下控制。

图 8-21 显示了上线的手机列表(图中显示上线手机 1 部)。

① 文件夹管理：单击鼠标右键，选择"文件夹管理"，如图 8-22 所示。

图 8-21　上线的手机列表(1 部)

图 8-22　文件夹管理

可对手机内的文件实现下载、上传、删除、复制等操作，如图 8-23 所示。

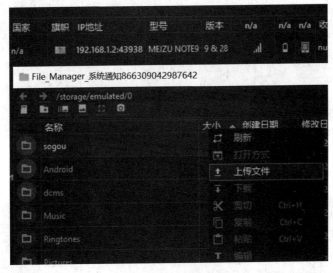

图 8-23　文件操作

② 查看短信：单击鼠标右键，选择"短信管理"，如图 8-24 所示。

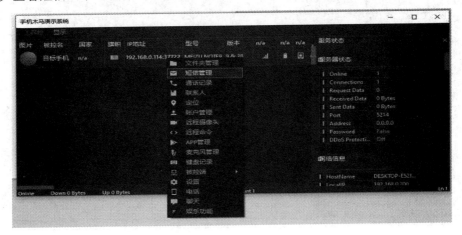

图 8-24　短信管理

③　查看联系人(增加删除)：单击鼠标右键，选择 Contacts_Manager(联系人管理)，如图 8-25 所示。

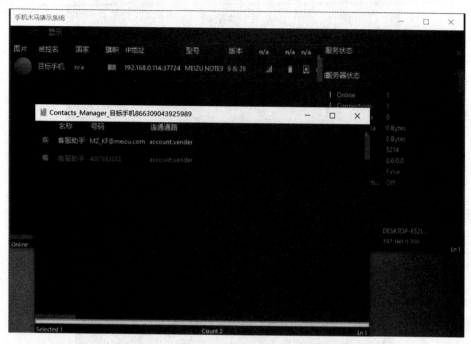

图 8-25　查看联系人

④　查看摄像头：单击鼠标右键，选择 Camera_Manager(摄像头管理)，如图 8-26 所示。

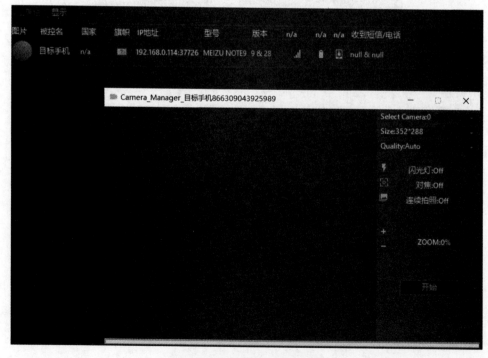

图 8-26　远程控制手机摄像头

⑤ 查看摄像头视频信号：单击图 8-26 中的"开始"，显示如图 8-27 所示。

图 8-27　打开手机摄像头

⑥ 语音监听：单击鼠标右键，选择"麦克风管理"，如图 8-28 所示。出现图 8-29 所示的界面后单击"启动"，即可启动手机的麦克风。

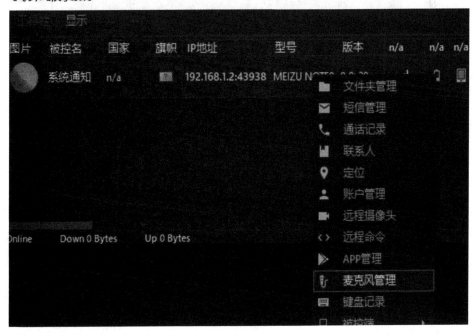

图 8-28　麦克风管理

图 8-29 打开手机麦克风

⑦ 键盘监控：单击鼠标右键，选择"键盘记录"，如图 8-30 和图 8-31 所示，可查看手机使用者对手机键盘的使用情况。

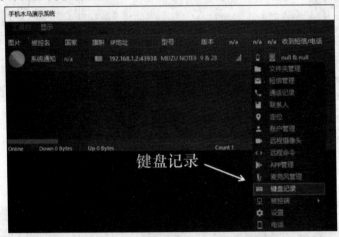

图 8-30 键盘记录(1)

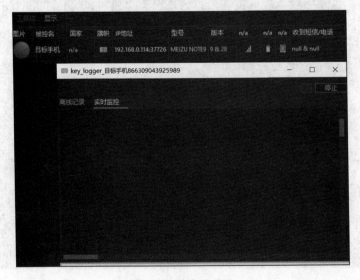

图 8-31 键盘记录(2)

⑧ 手机基本信息：单击鼠标右键，选择"设置"，可查看手机的基本信息，如图 8-32 所示。

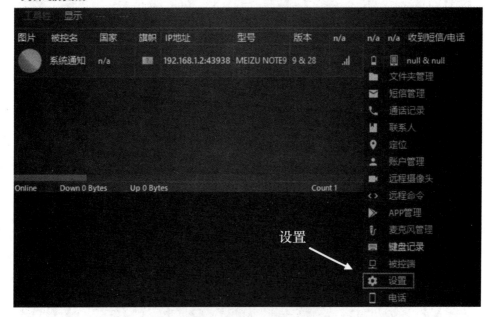

图 8-32　查看手机的基本信息

手机的基本信息、电话信息、声音设置、状态如图 8-33 所示，单击"状态"可开启手机权限。

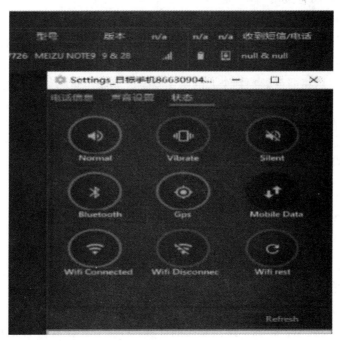

图 8-33　开启手机权限

⑨ 强制聊天(勒索恐吓)：单击鼠标右键，选择"聊天"，即可与手机使用者聊天，如图 8-34 所示。

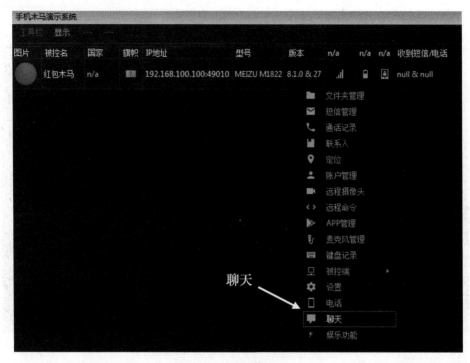

图 8-34　强制聊天

4. 实验反思和防范策略

本次实验是提前利用手机木马软件的安装包生成了一个二维码，手机扫描二维码后被植入手机木马，远程窃密机上的手机木马演示系统的服务器端不仅可以对手机通话和存储的信息(包括联系人、通话记录、短信、文件等)等个人信息进行窃取，还可以控制手机麦克风和摄像头等，这将严重影响到个人的隐私安全。其防范策略如下：

(1) 在陌生环境下不要轻易去扫描来历不明的陌生二维码。

(2) 手机上谨慎安装外来软件。

8.2.3　恶意 Wi-Fi 实验

1. 实验目的

(1) 了解恶意 Wi-Fi 安全风险。

(2) 掌握防范恶意 Wi-Fi 的策略。

2. 实验准备

(1) 靶机计算机：安装 Windows 7 操作系统的计算机 1 台。

(2) 靶机手机：手机 1 部。

(3) 黑客机：安装 Windows 7 操作系统的计算机 1 台，在计算机上安装恶意 Wi-Fi 窃密演示服务器。

注意：靶机计算机、靶机手机与黑客机需要通过有线或无线网络相连通(连接同一 Wi-Fi)。

3. 实验过程

(1) 在黑客机上打开桌面软件，如图 8-35 所示。

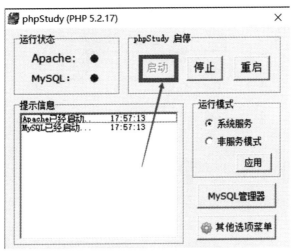

图 8-35　恶意 Wi-Fi 窃密演示服务器

测试系统是否正常运行：打开计算机浏览器，输入 192.168.1.200/templates/index.php，查看页面是否可以访问，如图 8-36 所示。

图 8-36　测试界面

(2) 手机 QQ 空间钓鱼。

靶机手机连接恶意 Wi-Fi 后，在手机浏览器中访问 qq.com，钓鱼热点会自动劫持访问的 URL，将之替换为服务器自己搭建的仿制页面，如图 8-37 所示。

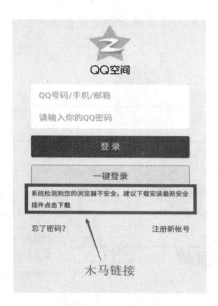

图 8-37　钓鱼网站

用户在不知不觉的情况下在钓鱼页面中输入自己的 QQ 账号和密码，如图 8-38 所示。

图 8-38　输入 QQ 账号和密码

输入完成后单击"登录"，如图 8-39 所示。

图 8-39　密码错误提示

在此页面，即使用户输入正确，也会提示密码错误，因为这个 Wi-Fi 是假冒的，会截获用户输入的账户信息，然后提示用户输入错误，再将用户的请求发送到真实的空间登录地址中，如图 8-40 所示。

图 8-40　真实 QQ 空间登录页面

现在用户看到的页面是真实 QQ 空间登录页面，输入账号和口令就可以登录成功。

在整个演示过程中，用户很难发现自己的 QQ 空间账号和密码被钓鱼网站窃取了。

(3) PC 端 QQ 空间钓鱼。

靶机计算机连接恶意 Wi-Fi 后，在靶机计算机的浏览器中输入访问地址 www.qzone.com (PC 空间登录地址)，钓鱼热点会自动将 URL 劫持到假冒页面，如图 8-41 所示。用户在该页面中输入的信息同样会被劫持窃取。

图 8-41　PC 端钓鱼网站

在该页面中输入信息也会被截获窃取，如图 8-42 所示。

帐号密码登录
浏览器不安全，推荐下载安全插件，防止盗号。
222444666
登录
忘了密码？ | 注册新帐号 | 意见反馈

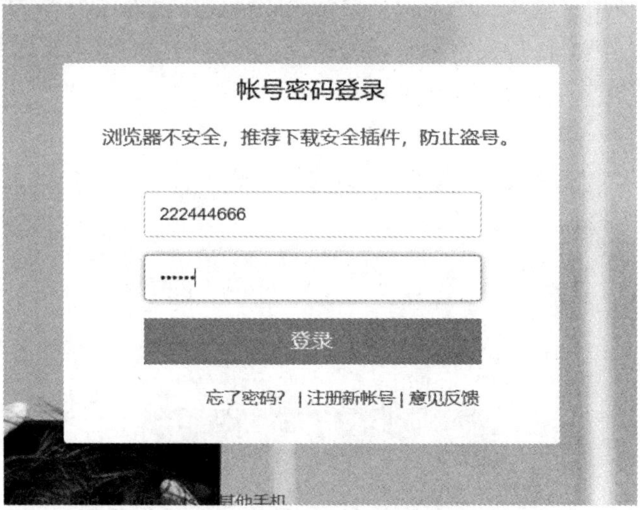

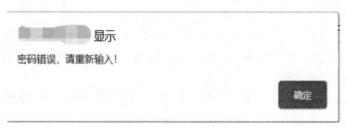

图 8-42　输入 QQ 用户名和密码

单击“登录”，提示密码错误，表示钓鱼网站已经将用户的账号和密码窃取，如图 8-43 所示。

显示
密码错误，请重新输入！
确定

图 8-43　密码错误提示

单击“确定”，进入真实的 QQ 空间页面，如图 8-44 所示。

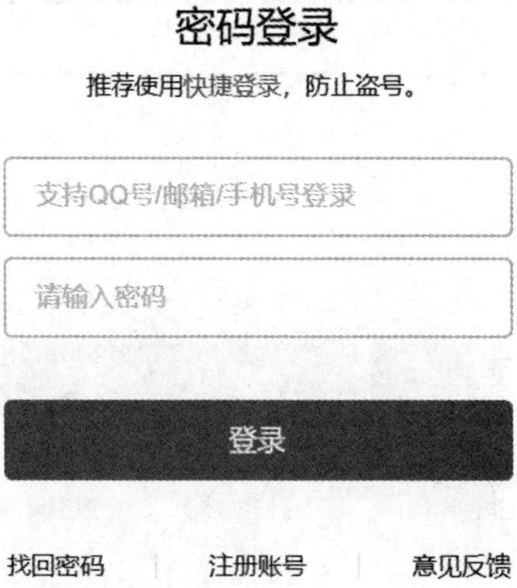

密码登录
推荐使用快捷登录，防止盗号。
支持QQ号/邮箱/手机号登录
请输入密码
登录
找回密码
注册账号
意见反馈

图 8-44　真实的 QQ 空间页面

4. 实验反思和防范策略

本实验恶意 Wi-Fi 演示系统通过对特定应用系统进行仿制，在用户接入恶意 Wi-Fi 之后，对用户访问页面请求进行控制，窃取用户账号信息。其防范策略如下：

(1) 提高安全防范意识，对于广告弹框、收到的莫名其妙的邮件等不要随意点击。

(2) 通过网址去辨别非法网站，网址就是一个网站的访问路径，即使页面模仿得再逼真，但是网址它是没办法做成一样的，一般是通过模仿正规网站的网址，比如在某个正规网址后面加上一串字符串，如果不仔细看会让人以为就是原来的网址，实际上是另一个网址。

(3) 辨别钓鱼网站和真实网站的区别，从细节中识别钓鱼网站。

8.2.4　智能手表植入木马实验

1. 实验目的

(1) 了解智能手表植入木马的方法和步骤。

(2) 掌握防范智能手表植入木马的策略。

2. 实验准备

(1) 智能手表 1 部，已被植入木马。

(2) 窃密机：安装 Windows 7 操作系统的计算机 1 台。

(3) 窃密机上安装智能设备窃密演示系统。

注意：智能手表与窃密机需要通过有线或无线网络相连通(可通过接入同一 Wi-Fi 实现)。

3. 实验过程

(1) 在窃密机上打开智能设备窃密演示系统，如图 8-45 所示。

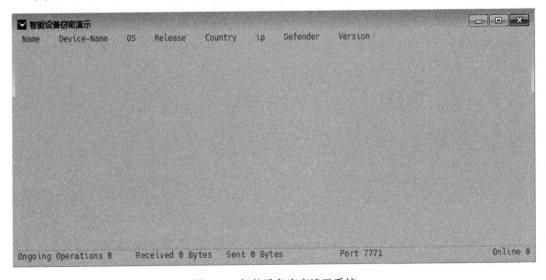

图 8-45　智能设备窃密演示系统

(2) 程序正常运行，开始演示，如图 8-46 所示。

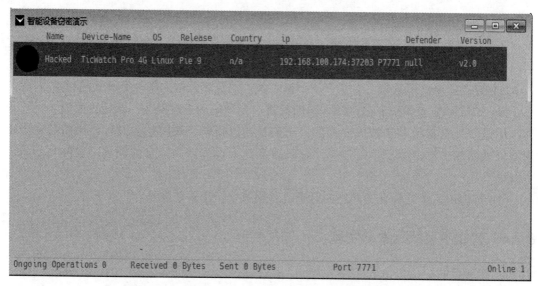

图 8-46　智能手表木马程序自动连接到黑客演示系统

(3) 智能设备窃密演示系统能实现对智能手表的以下操作，操作列表如图 8-47 所示。

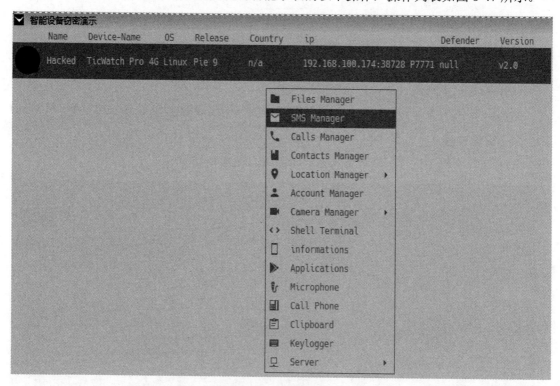

图 8-47　可操作列表

① 文件管理：在列表中选择 File Manager(文件管理)，可实现对智能手表的文件管理，如图 8-48 所示。

智能设备窃密演示系统能实现远程控制智能手表文件的下载、上传、删除、复制等操作，如图 8-49 所示。

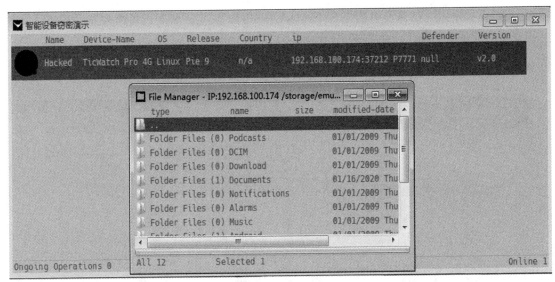

图 8-48　文件管理

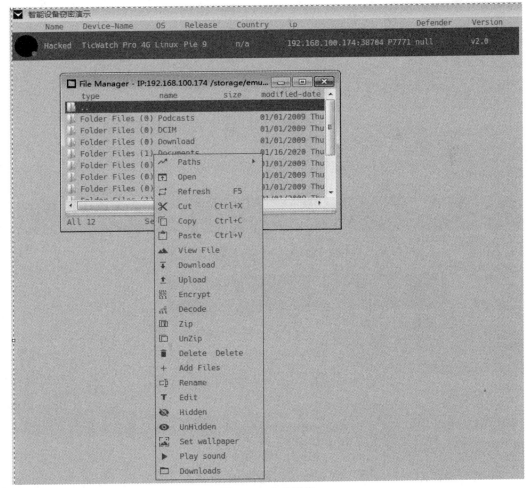

图 8-49　文件操作

② 查看短信：在列表中选择 SMS Manager(短信管理)，智能设备窃密演示系统可以远程查看智能手表的短信，如图 8-50 和图 8-51 所示。

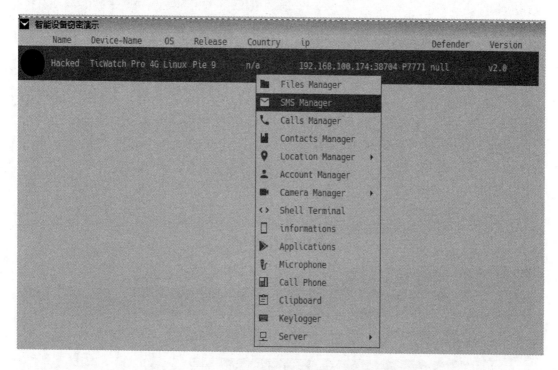

图 8-50　短信管理(1)

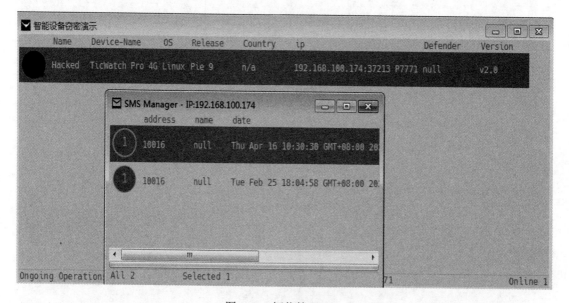

图 8-51　短信管理(2)

③ 查看联系人(增加删除)：在列表中选择 Calls Manager(联系人)，智能设备窃密演示系统可实现对智能手表联系人的查看、增加、删除功能，如图 8-52 和图 8-53 所示。

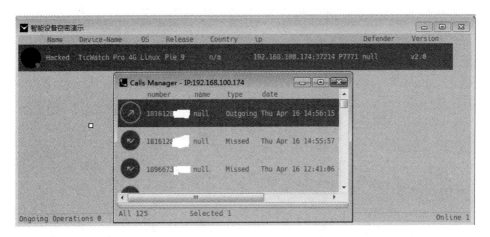

图 8-52 联系人(1)

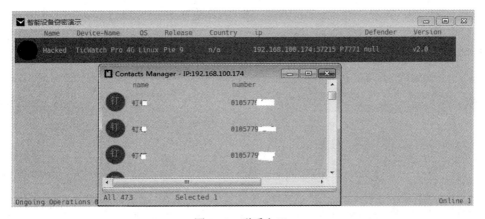

图 8-53 联系人(2)

④ 语音监听：在列表中选择 Microphone(麦克风)，智能设备窃密演示系统可远程管理智能手表的麦克风，打开麦克风进行监听，如图 8-54 和图 8-55 所示。

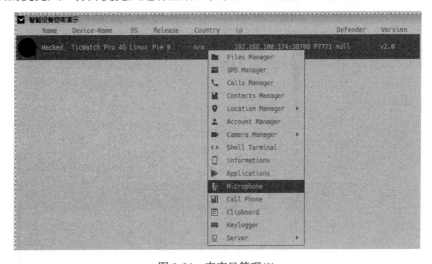

图 8-54 麦克风管理(1)

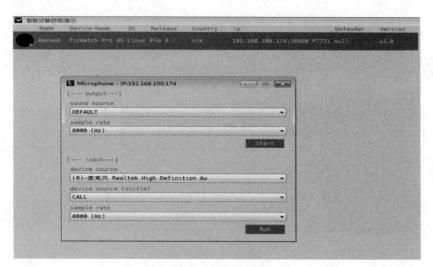

图 8-55   麦克风管理(2)

⑤ 键盘监控：在列表中选择 Keylogger(键盘监控)，智能设备窃密演示系统可对智能手表进行键盘监控，显示如图 8-56 和图 8-57 所示。

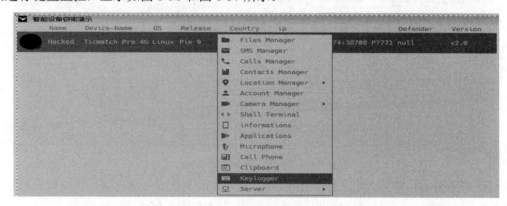

图 8-56   键盘记录(1)

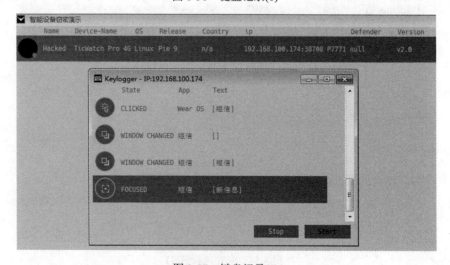

图 8-57   键盘记录(2)

智能设备窃密演示系统可远程查看手表参数等信息，如图 8-58 所示。

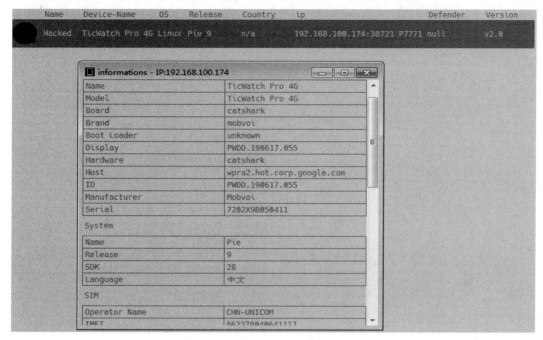

图 8-58　查看手表参数

⑥ 远程拨打手表电话：在列表中选择 Call Phone(打电话)，智能设备窃密演示系统可远程操控智能手表拨打电话，显示如图 8-59 和图 8-60 所示。

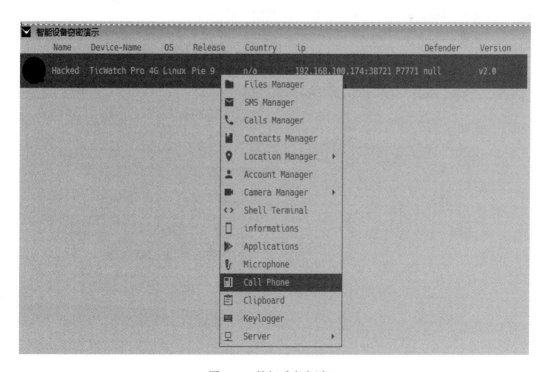

图 8-59　拨打手表电话(1)

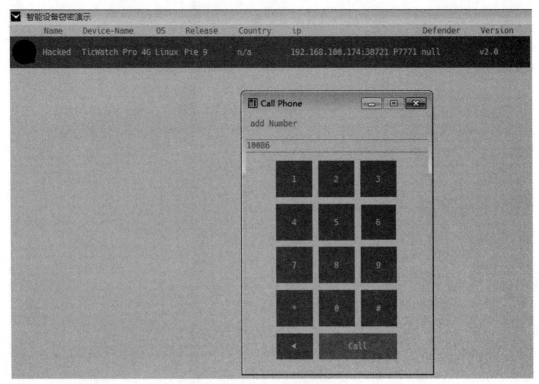

图 8-60　拨打手表电话(2)

⑦ 查看手表软件信息：在列表中选择 Applications(应用)，智能设备窃密演示系统可查看智能手表安装的软件信息，显示如图 8-61 和图 8-62 所示。

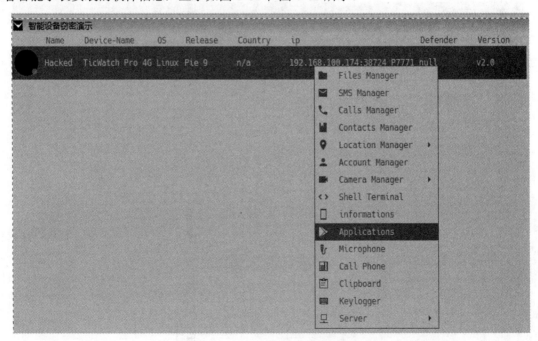

图 8-61　查看手表安装软件信息(1)

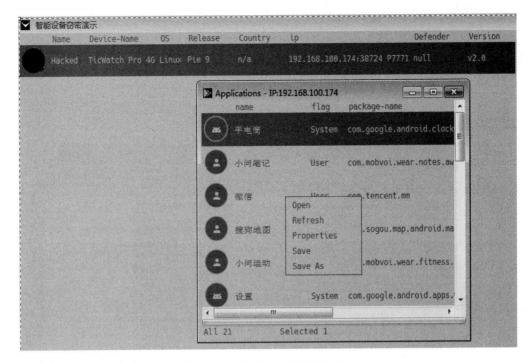

图 8-62 查看手表安装软件信息(2)

4．实验反思和防范策略

本次实验是在智能手表中植入木马，可通过窃密机上的智能设备窃密演示系统对智能手表联系人、短信、文件等进行窃取，也可远程打开智能手表麦克风进行语音监听、对智能手表的键盘进行监控、远程利用智能手表拨打电话等，严重威胁个人隐私。其防范策略如下：

(1) 增强安全防范意识，认识到智能手表等智能穿戴设备也可能中木马病毒。

(2) 使用智能手表等智能电子设备时谨慎下载安装软件，防止下载安装恶意软件应用。

(3) 为智能设备安装杀毒软件，定期更新病毒库。

 # 8.3 声光电磁技术安全实验

8.3.1 无线话筒实验

1．实验目的

(1) 了解无线话筒安全风险。

(2) 掌握防范无线话筒被控的策略。

2．实验准备

(1) 无线话筒 1 个。

(2) 计算机 1 台。

(3) 无线信号解调系统 1 套。

(4) 无线话筒窃密演示程序软件 1 套，安装在计算机上。

(5) 耳机 1 个，连接到计算机。

3. 实验过程

(1) 在计算机上安装 Zadig 驱动，如图 8-63 所示。

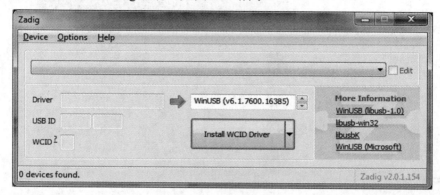

图 8-63　安装 Zadig 驱动

(2) 运行 Zadig，单击 Options，选择"List All Devices"，如图 8-64 所示。在下拉列表中选择"Bulk-In，Interface(Interface 0)"，箭头右边默认 WinUSB，然后单击 Instatll WCID Driver(见图 8-63)。

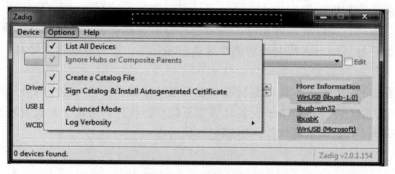

图 8-64　安装驱动(1)

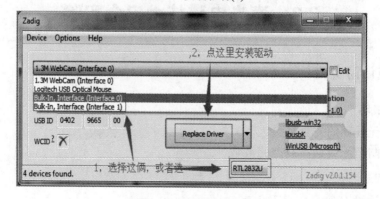

图 8-65　安装驱动(2)

如果系统是 Windows 10，也可能显示"RTL2832UHIDIR"，选择"Replace Driver"。

(3) 检查驱动是否安装完成。在桌面上右击"我的电脑"，单击"管理"，在左边的列表中选择"设备管理器"，在右边可看到驱动已安装完成，如图 8-66 所示。

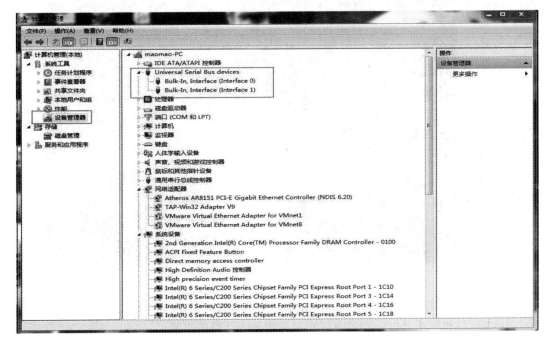

图 8-66　设备列表显示驱动已安装完成

(4) 将无线信号解调系统的 USB 线插入计算机 USB 口。

(5) 运行无线话筒窃密演示程序 SDRSharp，将无线话筒的频率调到合适的频段，如图 8-67 所示(图中以无线话筒的频率是 788.85 MHz 为例)。

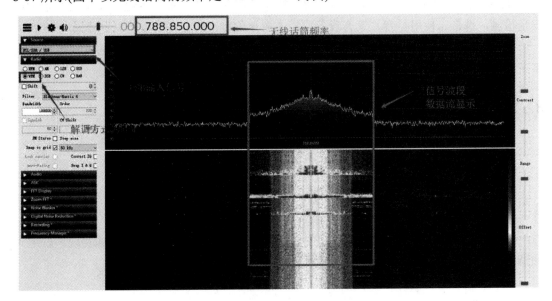

图 8-67　SDRSharp 主界面(1)

(6) 如图 8-68 所示，单击"系统启动"按钮，开始无线信号解调。

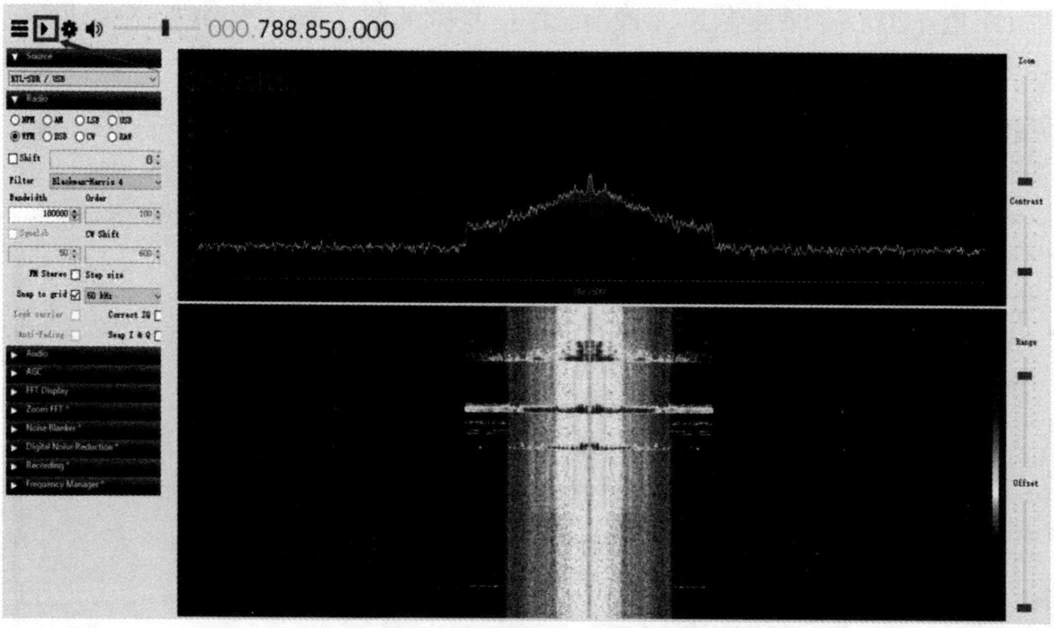

图 8-68　SDRSharp 主界面(2)

(7) 在距离计算机 30 m 处打开无线话筒，模拟使用无线话筒进行会议讲话。

(8) 在计算机端的耳机中即可收听到远处的无线话筒的声音。

4. 实验反思和防范策略

本次实验是对无线话筒中无线传输的语音信号进行截获，经过解调降噪处理，还原出使用声音信号，达到偷听的目的。其防范策略如下：

(1) 会议、活动应在符合要求的场所进行，使用的扩音、录音等电子设备、设施应经安全检测，携带、使用扩音、录音设备应经主办单位批准。

(2) 不得使用无线话筒等无线设备或装置，不得使用不具备安全条件的电视电话会议系统。

8.3.2　可见光实验

1. 实验目的

(1) 了解利用可见光原理进行通信的方法和步骤。

(2) 掌握防范利用可见光风险的策略。

2. 实验准备

(1) 经改装的 LED 台灯 1 台(对 LED 台灯内部硬件进行改装，添加能够实现声音编码和调制的电路模块，以及增强光信号发射的组件)。

(2) 普通的 LED 台灯 1 台。

(3) 接收机 1 台。

(4) 耳机 1 个。

(5) 扩音器 1 台。

(6) 挡板 1 个。

3. 实验过程

(1) 将经改装的 LED 台灯放在桌子上，并打开，在灯下播放一段声音。

(2) 在距离经改装的 LED 台灯 10 m 远处放置接收器，利用接收器接收来自台灯的光。

(3) 利用接收器把光波携带的语音信息进行解调，放大后利用扬声器播放，或利用耳机收听。

(4) 利用挡光板将经改装的 LED 台灯遮挡，在接收器端观察声音的变化。

(5) 将经改装的 LED 台灯换成普通的 LED 台灯，在接收器端观察声音的变化。

4. 实验反思和防范策略

本次实验是利用可见光的调制与解调技术进行周围语音监听。其防范策略如下：

(1) 严守规定，严禁在非安全场所谈论秘密事项。

(2) 对 LED 台灯等办公设备要从正规可信渠道采购。

8.3.3　电力载波实验

1. 实验目的

(1) 了解电力载波存在的安全风险。

(2) 掌握防范电力载波风险的策略。

2. 实验准备

(1) 安装 Windows 7 操作系统的计算机 2 台，分别作为靶机、主控机。

(2) 木马程序：服务器端预装在靶机上，客户端预装在主控机上。

(3) 路由器 1 个，网线若干。

(4) 电力特殊装置 A 和电力特殊装置 B。

(5) 普通插座 1 只，红黑隔离插座 1 只。

3. 实验过程

(1) 利用普通插座给电力特殊装置 A 和电力特殊装置 B 供电，主控机通过网线连接路由器，电力特殊装置 A 通过网线连接路由器。

(2) 主控机开机，进入桌面后，打开木马演示系统。

(3) 靶机开机后，通过网线连接电力特殊装置 B，此时可用靶机 ping 通主控机。

(4) 主控机木马客户端可实现对靶机的以下控制：

① 摄像头监控；

② 语音监听；

③ 操作被控主机文件系统；

④ 监控键盘操作记录；

⑤ 远程查看桌面；

⑥ 查看系统进程；

⑦ 修改主机注册表；

⑧ 远程定位；

⑨ 操作被控主机打开网页下载；

⑩ 给被控主机发送中马消息；

⑪ 操作被控主机关闭防火墙、操作端口等；

⑫ 操作被控主机执行 cmd 命令。

(5) 把给电力特殊装置 A、B 供电的普通插座换成红黑隔离插座，重复操作(1)、(2)、(3)，观察靶机能否 ping 通主控机。

4. 实验反思和防范策略

本次实验是利用电力载波技术，借助现有电力线通过载波方式将模拟或数字信号进行高速远距离传输，使主控机能够远程控制靶机。其防范策略如下：

(1) 对办公计算机接入网络的方式做到安全可靠。

(2) 采用电力载波报警设备来监测监听行为的发生。

(3) 采用红黑隔离插座，实现计算机使用时红电源回路与黑电源回路单独供电。

8.3.4 屏幕电磁泄漏实验

1. 实验目的

(1) 了解屏幕电磁泄漏的安全风险。

(2) 掌握防范屏幕电磁泄漏的策略。

2. 实验准备

(1) 主机 1 台。

(2) 电磁信号接收设备 1 套。

(3) 显示器 2 台，显示器 A 连接主机，显示器 B 连接电磁信号接收设备。

3. 实验过程

(1) 主机开机，观察显示器 A 显示图像。

(2) 启动电磁信号接收设备，观察显示器 B 上显示的画面，可以看到将显示器 A 的画面全部还原显示。

4. 实验反思和防范策略

本次实验是通过电磁信号接收设备对显示器 A 的电磁辐射信号进行接收处理，然后连接显示器 B 进行屏幕信号显示，从而达到电磁信号接收的目的。其防范策略如下：

(1) 严格遵守采购规定，对显示器等办公设备从正规可信渠道采购。

(2) 对显示器等电磁辐射设备采取干扰、屏蔽、滤波以及 TEMPEST 技术等防护措施。

8.4　常用办公设备安全实验

8.4.1　无线键盘实验

1．实验目的

(1) 了解无线键盘安全风险。

(2) 掌握正确使用无线键盘的策略。

2．实验准备

(1) 安装 Windows 7 操作系统的计算机 2 台，分别作为靶机和主控机。

(2) 无线键盘窃密演示系统软件预装在主控机上。

(3) 无线对频器程序预装在靶机上。

(4) 无线键盘 1 个。

3．实验过程

(1) 打开主控机上的无线键盘窃密演示系统软件 ，如图 8-69 所示。

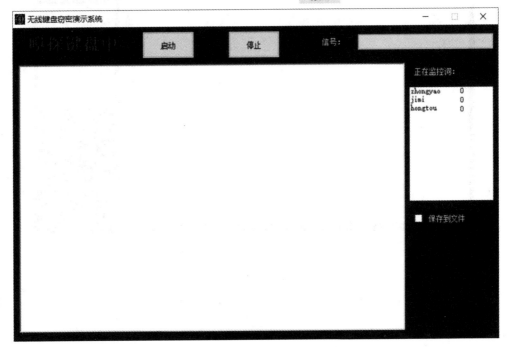

图 8-69　无线键盘窃密演示系统软件主界面

(2) 单击"启动"，显示结果如图 8-70 所示。

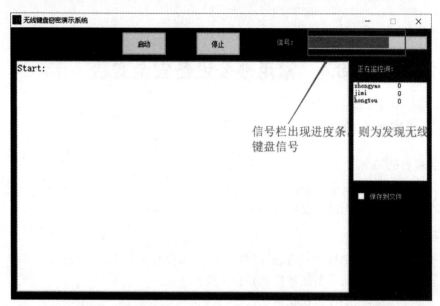

图 8-70　启动无线键盘窃密演示系统软件

等待靶机键盘输入数据，如图 8-71 所示。

图 8-71　等待靶机键盘输入数据

(3) 双击靶机上的无线对频器程序 ，双击程序即开始运行，界面无显示，软

件可自动检测并匹配无线键盘频率。

(4) 将无线键盘接收器插入靶机，靶机使用无线键盘进行信息输入，主控机即可截获

无线键盘发出的未加密的信号并记录，键盘操作都可记录并显示在主控机上，如图 8-72 所示。

图 8-72　无线键盘窃密演示系统所显示的键盘操作

(5) 敏感词设置：图 8-72 显示的红色字符是因为在主控机设置了敏感词监控，当键盘输入"zhongyao""hongtou""jimi"等信息时即触发敏感词监控系统，无线键盘窃密演示

系统可高亮显示敏感词并统计敏感词出现的次数。敏感词监控可在敏感词授权 文件
words.ini

中设置，敏感词授权文件存放在无线键盘窃密演示系统的安装根目录中，右键单击无线键盘窃密演示系统"查看所在的位置"即可找到软件的安装根目录。

4. 实验反思和防范策略

本次实验是对无线键盘击键信息进行截获，模拟黑客通过对无线键盘的敲击命令进行截获侦听，来破解无线键盘信号，还原键盘输入的数据(如用户的账号、口令等敏感信息)。无线键盘、鼠标等安全性很差，发射的信号容易被远距离还原。其防范策略如下：

(1) 严守规定，防范无线技术设备泄密，禁止使用具有无线功能的设备。

(2) 在重要场所内部或者环境周边进行检查，检测是否有无线技术设备在使用。

8.4.2　有线键盘实验

1. 实验目的

(1) 了解有线键盘使用中的安全风险。

(2) 掌握正确使用有线键盘的策略。

2. 实验准备

(1) 安装 Windows 7 操作系统的计算机 2 台，分别作为靶机和主控机。

(2) 在主控机上安装键盘接收软件。

(3) 在靶机上安装键盘记录软件。

(4) 有线键盘 1 个。

3. 实验过程

(1) 主控机开机,打开键盘记录软件。

(2) 靶机开机,将有线键盘插入靶机接口使用。

(3) 利用有线键盘输入信息,在主控机打开键盘接收软件并观察,可接收到靶机有线键盘输入的信息。

4. 实验反思和防范策略

本次实验是利用软件获取有线键盘的输入信息。黑客可使用键盘记录技术,当用户在输入重要数据(例如,在网上银行输入登录密码、支付密码等)时,这些恶意程序会在后台悄悄记录下键盘动作,然后发送给黑客。其防范策略如下:

(1) 严守规定,要从正规可信渠道采购有线键盘等办公设备。

(2) 对键盘记录等程序提高警惕,安装恶意软件查杀系统,实时监控键盘记录行为。

8.4.3 打印机实验

1. 实验目的

(1) 了解打印机安全风险。

(2) 掌握正确使用打印机的策略。

2. 实验准备

(1) 安装 Windows 7 操作系统的计算机 2 台,分别作为靶机和主控机。

(2) 在主控机上安装打印监控软件。

(3) 在靶机上安装软件服务器端。

(4) 打印机 1 台。

3. 实验过程

(1) 主控机上打开监控软件![打印监控软件],如图 8-73 所示。登录后显示界面如图 8-74 所示,按照图中所示步骤,选择所使用的打印机驱动 M126nw。

图 8-73 打印监控软件登录界面

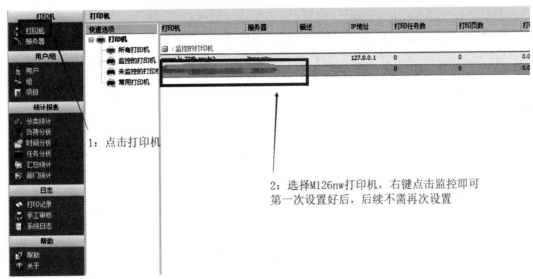

图 8-74　打印监控软件主界面

(2) 在靶机上新建 Word 文档，并写入文字，打印该文档，打印机正常打印该文档。

(3) 打印完成 10 s 后，在主控机刷新打印监控软件，在左侧栏单击"今天"，可以看到打印记录出现在右侧打印栏中，如图 8-75 所示。

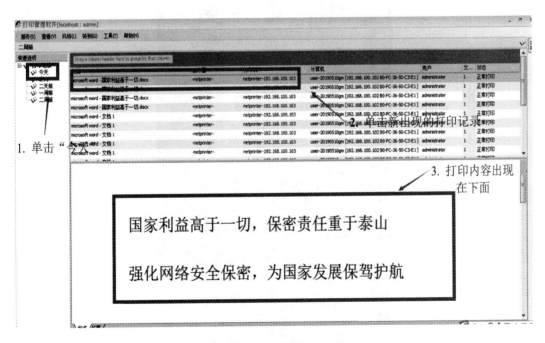

图 8-75　打印记录

4. 实验反思和防范策略

打印机是工作中经常使用的设备，然而打印机却很容易成为人们忽略的重要信息泄露源。本次实验是对扫描打印机打印内容进行窃密，用户在使用打印机打印文件的同时，文件内容展现在主控机中。其防范策略如下：

(1) 严守规定，要从正规可信渠道采购打印机等办公设备。

(2) 谨慎安装外来程序，对后台程序定期检查，防止恶意程序运行。

8.4.4　碎纸机实验

1. 实验目的

(1) 了解碎纸机安全风险。

(2) 掌握正确使用碎纸机的策略。

2. 实验准备

(1) 经改装的碎纸机 1 台(内部加装 Wi-Fi 和扫描仪)。

(2) 手机 1 部。

注意：手机 WLAN 连接打印机 Wi-Fi。

3. 实验过程

(1) 打开手机桌面软件 ScanSnap，如图 8-76 所示。

图 8-76　桌面软件 ScanSnap

(2) 碎纸机通电后，将一张写有隐私信息的纸放入碎纸机碎掉。

(3) 在手机 ScanSnap 软件上即可接收到刚才碎掉的纸上的信息，如图 8-77 所示。

图 8-77　手机上接收信息

(4) 单击"退出"，截获的纸张内容将以 PDF 形式展示在 ScanSnap 软件的文件列表中，如图 8-78 所示。

图 8-78　手机上截获的信息文件

4. 实验反思和防范策略

能够截获碎纸机碎掉纸张内容的原因是碎纸机在售出前可能被植入了特殊模块，自带扫描、传输功能，所有经其粉碎纸张上的信息都会被记录，并自动传输到指定的设备上。其防范策略如下：

(1) 严守规定，购置使用经行政管理部门检测、认可和批准的碎纸机。

(2) 使用碎纸机时，应采取页面对折等方式，确保插入碎纸机前后两侧的页面均为空白页面，以防泄密。

(3) 涉密载体销毁必须送交销毁机构，全程监控，专人监销，确保信息无法还原。机关内部确因工作需要自行销毁少量载体时，应当严格履行清点、登记和审批手续，并使用符合国家标准的销毁设备和方法，确保信息不被还原。

参 考 文 献

[1]　冯登国, 张敏, 李昊. 大数据安全与隐私保护[J]. 计算机学报, 2014, 37(1): 246-258.

[2]　沈昌祥, 张焕国, 冯登国, 等. 信息安全综述[J]. 中国科学(E 辑: 信息科学), 2007, 37(2): 129-150.

[3]　董亚坤. 基于 MP3 的信息隐藏技术研究[D]. 北京: 北京邮电大学, 2015.

[4]　王朔中, 张新鹏, 张卫明. 以数字图像为载体的隐写分析研究进展[J]. 计算机学报, 2009, 32(7): 1248-1263.

[5]　丛友贵. 信息安全保密概论[M]. 北京: 金城出版社, 2006.

[6]　徐茂智, 游林. 信息安全与密码学[M]. 北京: 清华大学出版社, 2007.

[7]　王丽娜. 网络多媒体信息安全保密技术[M]. 武汉: 武汉大学出版社, 2003.

[8]　赵战生, 杜虹. 信息安全保密教程[M]. 合肥: 中国科技大学出版社, 2006.

[9]　吴翰清. 白帽子讲 Web 安全[M]. 北京: 电子工业出版社, 2012.

[10]　潘勉, 薛质, 李建华, 等. 特洛伊木马植入综述[J]. 信息安全与通信保密, 2004(2): 30-32.

[11]　金波, 张兵, 王志海. 内网安全技术分析与标准探讨[J]. 信息安全与通信保密, 2007(7): 109-110.

[12]　孙德刚, 黄伟庆, 李敏, 等. 信息安全保密知识普及读本[M]. 北京: 金城出版社, 2019: 122-123.

[13]　陈强, 叶强, 胡淼, 等. 深度学习在高校网络信息内容安全中的应用[J]. 网络空间安全, 2023, 14(6): 63-70.

[14]　杨黎斌, 戴航, 蔡晓妍, 等. 网络信息内容安全[M]. 北京: 清华大学出版社, 2022: 4.

[15]　郭旗. 集成数据预处理技术及其在机器学习算法中的应用[J]. 科技与创新, 2023(23): 163-165.

[16]　陈雷. 面向用户交互行为挖掘的协同过滤推荐算法研究[D]. 合肥: 合肥工业大学, 2023.DOI: 10.27101/d.cnki.ghfgu.2022.000100.

[17]　王敏杰. 话题检测与跟踪技术[J]. 黑龙江科技信息, 2012(23): 90.

[18]　李宇博. 基于文本聚类技术的网络舆情分析系统的研究与应用[D]. 天津: 天津工业大学, 2016.

[19]　郑锐斌, 贺丹, 王凯, 等. 深度学习技术在高校网络舆情分析中的应用[J]. 福建电脑, 2024, 40(5): 21-26.

[20]　王伟然, 刘志波. 密码学与加密技术的发展历程及提升路径[J]. 数字技术与应用, 2022, 40(1): 237-239.

[21]　邓勇进. 古典密码学[J]. 硅谷, 2011(7): 14.

[22]　杜虹. 保密技术概论[M]. 北京: 金城出版社, 2013: 56-57.

[23] 蒙皓兵，路晓亚. DES 算法分析[J]. 计算机安全，2012(6)：43-46.

[24] 邵奇. RSA 算法的优化设计及其 IP 核的实现[D]. 上海：上海交通大学，2015.

[25] 李淑静，赵远东. 基于椭圆曲线的 EIGamal 加密体制的组合公钥分析及应用[J].微计算机信息，2006(12)：70-72.

[26] 田佳奇.《中国互联网发展报告(2023)》在京发布[J]. 中国国情国力，2023(7)：79.

[27] 袁梦真，许潇，张彦豪. 基于人工智能的非结构化数据脱敏方法研究[J]. 网络安全与数据治理，2023，42(S1)：184-190.DOI：10.19358/j.issn.2097-1788.2023.S1.032.

[28] 陈天莹，陈剑锋. 大数据环境下的智能数据脱敏系统[J]. 通信技术，2016，49(7)：915-922.

[29] 沈传年，徐彦婷. 数据脱敏技术研究及展望[J]. 信息安全与通信保密，2023(2)：105-116.

[30] 周娜，刘刚. 个人数据共享中的匿名化技术现状与建议[J]. 中国新通信，2023，25(17)：43-45.

[31] 董新宇，段永彪. 数字治理视域下隐私保护的实现机制与优化路径[J]. 信息技术与管理应用，2024，3(2)：9-19.

[32] 张猛，尹其其. 静态口令认证技术研究进展[J]. 网络空间安全，2018，9(7)：11-14.

[33] 房亚群. 动态口令身份认证机制的研究[J]. 无线互联科技，2012(10)：120.

[34] 章思宇，黄保青，白雪松，等. 基于动态口令的增强身份认证[J]. 华东师范大学学报(自然科学版)，2015(S1)：246-251.

[35] 何阿妹，蔡贤玲，陈珉惺. 指纹识别技术发展及应用现状[J]. 产业创新研究，2023(6)：102-104.

[36] 张妍，汪慕峰. 人脸识别技术应用安全风险与对策研究[J]. 工业信息安全，2023(3)：28-33.